WTB

BAND 305

H. Bandemer
S. Gottwald

Einführung in FUZZY-Methoden

Theorie und Anwendungen unscharfer Mengen

Mit 11 Abbildungen und 3 Tabellen

AKADEMIE-VERLAG BERLIN

Reihe MATHEMATIK UND PHYSIK

Herausgeber:

Prof. Dr. phil. habil. W. Holzmüller, Leipzig
Prof. Dr. phil. habil. A. Lösche, Leipzig
Prof. Dr. phil. habil. H. Reichardt, Berlin
Prof. Dr. rer. nat. habil. H.-J. Treder, Caputh

Verfasser:

Prof. Dr. rer. nat. habil. Hans Bandemer
Bergakademie Freiberg

Prof. Dr. sc. nat. Siegfried Gottwald
Karl-Marx-Universität Leipzig

ISBN 3-05-500554-6
ISSN 0084-098X

1989
Erschienen im Akademie-Verlag Berlin, Leipziger Straße 3—4
Berlin, DDR-1086

Lizenznummer: 202 · 100/418/89
Printed in the German Democratic Republic
Gesamtherstellung: VEB Druckhaus „Maxim Gorki“, Altenburg,
DDR-7400
Lektor: Dr. Reinhard Höppner
LSV 1084
Bestellnummer: 763 871 4 (7305)
01600

Vorwort

Die sich seit Mitte der 60er Jahre entwickelnden Anwendungen unscharfer Mengen und darauf gegründeter Methoden sowie die dazu gehörende Theorie stehen im Widerstreit der Meinungen: vielfach fast euphorische Erwartungen hinsichtlich Anwendbarkeit auf bisher unlösbare Probleme der mathematischen Modellierung bei Ingenieuren, dagegen oft ablehnender Skeptizismus bei Mathematikern. Diese Lage der Dinge hat die Verfasser lange zögern lassen, mit einer breit angelegten Darstellung dieses Gebietes an die Öffentlichkeit zu treten. Wiederholte und zunehmend häufiger gestellte Anfragen von potentiellen Anwendern haben schließlich zum vorliegenden Büchlein den Anstoß gegeben.

Manövrierend zwischen Skylla und Charybdis soll die Darstellung sowohl für den Anwender einfach genug als auch für den Mathematiker theoretisch sauber und klar sein. Stärker mathematisch orientierte Passagen wurden daher im Kleindruck beigegeben; sie können vom nur an Anwendungen interessierten Leser (wenigstens zunächst) übergangen werden. Wir hoffen, auf diese Weise sowohl in erster Linie an Anwendungen interessierte Ingenieure und Naturwissenschaftler als auch mehr theoretisch orientierte Mathematiker anzusprechen. Da Anwendungen ein Kernpunkt für neuartige theoretische Vorstellungen sind, haben wir uns stets auch bemüht, nicht nur die am meisten anwendungsrelevant erscheinenden Themen zu besprechen, sondern zudem auf realisierte Anwendungen wenigstens zu verweisen.

Die inzwischen zum Themenkreis dieses Büchleins vorliegende Literatur ist zu umfangreich, als daß sie alle hätte berücksichtigt werden können. Es war unser Bestreben, die z. Z. zentralen theoretischen Fragestellungen und ebenso die vielversprechenden Anwendungen auf reale bzw. Laborsituationen anzuführen, die in offiziellen Publikationen vorliegen. Jedes Kapitel in sich beginnt deshalb mit theoretischen Themen und wendet sich später Anwendungen oder wenigstens anwendungsbezogenen Themen zu.

Die Autoren danken dem Akademie-Verlag für das Eingehen auf ihre Wünsche und, vor allem Herrn Dr. Höppner, für die verständnisvolle Kooperation. Unseren Ehefrauen danken wir für das stimulierende Interesse und die verständnisvolle Rücksichtnahme, mit denen sie unsere Arbeit an diesem Buch gefördert haben.

Die Autoren

Inhalt

1. Einleitung

1.1. Motive für die Betrachtung unscharfer Mengen

Die in den Technikwissenschaften ebenso wie etwa in den Naturwissenschaften oder der Ökonomie übliche mathematische Modellierung benutzt vorzugsweise das Instrumentarium der klassischen Mathematik. Dies erzwingt i. allg. eine ganze Reihe von Idealisierungen, um von konkreten Problemen zu einem diesen Problemen angepaßten mathematischen Ansatz zu gelangen. Ein Gesichtspunkt derartiger Idealisierungen sind genaue Festlegungen hinsichtlich des Verständnisses der benutzten Begriffe. So sind z. B. für das Betreiben chemischer Prozesse oft Normalwerte oder auch Gefahrenbereiche für Temperaturen oder Drücke festzulegen, sind für die spanende Metallverarbeitung etwa bei automatisierter Produktion, evtl. von der gewünschten Qualität der Erzeugnisse oder der Materialgüte abhängende, „normale“ Drehzahl- oder Vortriebswerte zu fixieren oder es ist für dabei benutzte Schneidwerkzeuge festzulegen, ab welchem Schärfezustand sie als verschlissen zu gelten haben. Ein anderer Gesichtspunkt derartiger Idealisierungen ist oft die Annahme, über genaue Daten oder über Daten mit genau bestimmten Fehlergrenzen verfügen zu können. Auch dies ist vielfach eine sehr optimistische Voraussetzung. In wichtigen Anwendungsfällen aber ist es sogar unmöglich, relevante Daten auch nur einigermaßen genau genug zu gewinnen — mag es sein, daß Parameter ablaufender physikalischer oder chemischer Prozesse der Messung nicht zugänglich sind (wie etwa die genaue Temperaturverteilung in einer Glasschmelze), oder mag der Fall vorliegen, daß für wichtige Kenngrößen gar keine objektive Meßskala vorliegt (wie etwa bei der Bewertung von Geruchsbelästigungen, bei medizinischen Diagnosen durch Befühlen/Betasten oder bei der Beurteilung des Geschmacks von Lebensmitteln).

In allen solchen Fällen, in denen genaue Begriffsbestimmungen bzw. Daten erforderlich sind, bedeutet dies aus mathematischer Sicht, daß immer bestimmte Mengen von Objekten (Zustände einer Anlage, Temperaturwerte, Drehzahlen, Lebensmittel, ...) zu charakterisieren sind.

Diese gewöhnlichen Mengen, die hier auch scharfe Mengen genannt werden sollen im Unterschied zu den unscharfen Mengen, die in diesem Buch im Mittelpunkt des Interesses stehen werden, sind durch und als die Gesamtheit ihrer Elemente charakterisiert.

Die Elemente solch einer scharfen Menge können durch Aufzählung angegeben werden oder durch eine für diese Elemente charakteristische Eigenschaft. So kann man eine Menge $\mathcal{M}$ mit den Elementen $a_1, a_2, \ldots, a_{10}$ darstellen als

$$\mathcal{M} = \{a_1, a_2, \ldots, a_{10}\} \tag{1.1}$$

oder auch als

$$\mathcal{M} = \{a_i \mid 1 \leqq i \leqq 10\}. \tag{1.2}$$

Sind jedoch diese Elemente $a_1, \ldots, a_{10}$ von $\mathcal{M}$ zugleich Objekte eines umfassenderen Bereiches $\mathcal{X}$ von Objekten, so empfiehlt sich häufig eine andere Beschreibung der Menge $\mathcal{M}$, nämlich durch ihre charakteristische Funktion, d. h. durch diejenige 0-1-wertige Funktion $m_{\mathcal{M}}: \mathcal{X} \to \{0, 1\}$, für die

$$\forall\, x \in \mathcal{X} : m_{\mathcal{M}}(x) = \begin{cases} 1, & \text{falls } x \in \mathcal{M} \\ 0 & \text{sonst} \end{cases} \tag{1.3}$$

gilt. Der Funktionswert 1 „markiert" also die Elemente von $\mathcal{M}$ unter allen Objekten von $\mathcal{X}$. (Daß in praxi statt 1 gelegentlich eine andere „Marke" gewählt wird, ändert das Prinzip nicht und kann daher außer Betracht bleiben.)

So wird man etwa innerhalb einer Personaldatenbank einer Gehaltsstelle die Festlegung der Menge $\mathcal{M}$ aller kinderreichen Mitarbeiter dadurch realisieren, daß man in der Namenliste $\mathcal{X}$ aller Mitarbeiter den Elementen von $\mathcal{M}$, also den Kinderreichen, eine — für ihre Eigenschaft, zu $\mathcal{M}$ zu gehören, charakteristische — Marke zuordnet.

Es ist nur ein unwesentlicher Unterschied, ob man eine Menge $\mathcal{M}$ in der Form (1.1) bzw. (1.2) oder als charakteristische Funktion (1.3) angibt. Alle diese Darstellungsweisen können ohne große Mühe ineinander übersetzt werden. Für die unscharfen Mengen dagegen wird sich die Darstellung durch — verallgemeinerte — charakteristische Funktionen als die zu bevorzugende erweisen.

Zunächst zur Grundidee der unscharfen Mengen. Sie wird am einfachsten klar, wenn man beachtet, daß für viele Anwendungen wünschenswerte „Übergänge" zwischen Zugehörigkeit und Nichtzugehörigkeit zu einer Menge (bzw. gleichwertig zwischen Zutreffen und Nichtzutreffen eines Begriffes) mittels der gewöhnlichen, scharfen Mengen nicht erfaßt werden. Dies ist einer der wesentlichen Gründe für die Notwendigkeit der eingangs im Zusammenhang mit mathematischer Modellierung erörterten Idealisierungen. Die in Abb. 1 dargestellte charakteristische Funktion

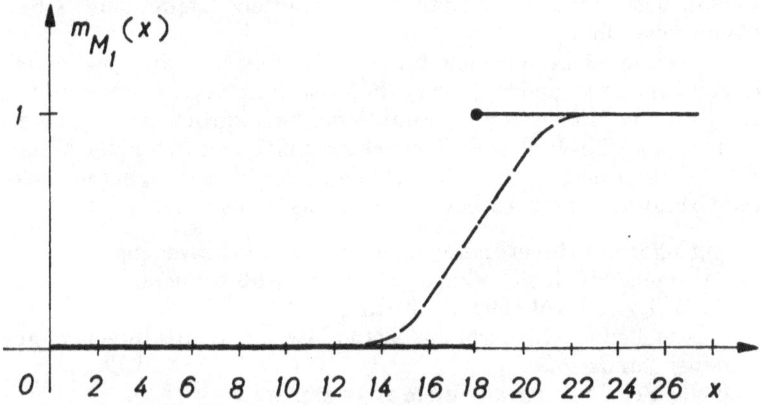

Abb. 1

beschreibt z. B. die Menge aller nichtnegativen reellen Zahlen $\geqq 18$. Der Sprung im Punkt $x = 18$ ist dabei natürlich. Ebenso natürlich ist die Darstellung von Abb. 1, wenn man die Menge $\mathcal{M}_1$ als Menge der Lebensalter eines volljährigen DDR-Bürgers ansieht. Diese Natürlichkeit geht jedoch verloren, will man $\mathcal{M}_1$ als Menge der Zeitpunkte verstehen, zu denen ein Mensch (biologisch) voll ausgewachsen ist, oder auch, wenn man $\mathcal{M}_1$ als Menge der Temperaturwerte eines ausreichend beheizten Zimmers nimmt.

Das Problem ist nicht, daß in den letzten beiden Beispielfällen der Sprungpunkt in Abb. 1 nicht beim Argumentwert $x = 18$, sondern an einer anderen Stelle zu lokalisieren wäre. Das Problem ist vielmehr eben dieser Sprung: zeigt er doch an, daß eine Person von einem bestimmten Zeitpunkt an biologisch voll ausgewachsen ist — und daß sie dies zu jedem vorhergehenden Zeitpunkt (ganz und gar) nicht ist, bzw. zeigt er an, daß von einem bestimmten Temperaturwert an ein Zimmer als ausreichend beheizt empfunden wird — und daß dies für jeden kleineren Temperaturwert nicht der

Fall ist. Daher erfaßt der Sprung in der charakteristischen Funktion jeweils das Gefühl nicht, daß es einen „gleitenden" Übergang gibt zur vollen biologischen Reife eines Individuums bzw. von den Temperaturen eines als zu kalt empfundenen Zimmers zu denen eines als ausreichend beheizt empfundenen. (Dabei kann in beiden Fällen außer Betracht bleiben, daß es auch noch Unterschiede von Individuum zu Individuum gibt. Auch wenn man eine bestimmte Person betrachtet, kann man die erwähnten „gleitenden" Übergänge feststellen.)

Man kann leicht Beispiele für weitere Mengen finden, bei denen in ganz entsprechender Weise jede Festlegung von Sprungpunkten für ihre charakteristischen Funktionen willkürlich ist. Man versuche etwa, durch charakteristische Funktionen (über der Menge $\mathbb{R}^+$ der nichtnegativen reellen Zahlen oder über geeigneten anderen Grundbereichen) zu beschreiben, was heißt:

— geringer Benzinverbrauch eines Personenkraftwagens,
— ausreichende Speicherkapazität eines Großrechners,
— hohe Tourenzahl einer Drehbank,
— ausreichender Sicherheitsabstand zweier Kraftfahrzeuge auf einer Landstraße,
— helle Beleuchtung an einem Arbeitsplatz,
— gesundheitsschädliche Strahlendosis.

Die Anschauung liefert in jedem dieser Fälle die Überzeugung, daß es einen allmählichen, gleitenden Übergang gibt von der (wirklichen, echten) Zugehörigkeit zu solchen Mengen zur (wirklichen, echten) Nichtzugehörigkeit. Diese Intuition erfassen die gewöhnlichen, scharfen Mengen nicht. Die unscharfen Mengen sollen aber gerade solche Anschauungen mit erfassen. Dazu müssen sie einen „gleitenden", abgestuften Übergang von Zugehörigkeit zu Nichtzugehörigkeit gestatten.

Mathematisch ist dieser Effekt auf einfache Weise dadurch zu erreichen, daß die bei den gewöhnlichen charakteristischen Funktionen wie (1.3) auftretenden Zugehörigkeitswerte 0, 1 für Elemente bez. einer Menge ergänzt werden durch zusätzliche, „zwischen" 0 und 1 liegende Zugehörigkeitswerte. Es gibt keine von vornherein ausgezeichneten Werte „zwischen" 0 und 1, die diese Rolle übernehmen müßten. Es hat sich jedoch eingebürgert und bewährt, vorzugsweise das reelle Einheitsintervall $\mathbb{I} = [0, 1] = \{x \in \mathbb{R} \mid 0 \leqq x \leqq 1\}$ als Menge der verallgemeinerten Zugehörigkeitswerte für unscharfe Mengen zu wählen. Andere Festlegungen sind möglich; der jeweilige Anwendungsfall muß über die geeignetsten Zugehörigkeitswerte entscheiden. In Abb. 1 ist (gestrichelt) eine Kurve eingezeichnet, die vom Typ her die Vorstellungen vom gleitenden Übergang im betrachteten Beispiel durch von 0 auf 1 wachsende Zugehörigkeitswerte darstellen könnte.

So wie zur Behandlung nur unscharf abgegrenzter bzw. abgrenzbarer Begriffe läßt sich das Konzept der unscharfen Mengen auch zur Behandlung unscharfer Daten anwenden. Man braucht unscharfe Daten nur als unscharf gegebene Mengen von (möglichen) Meßwerten anzusehen. Nicht immer ist dazu eine besondere Deutung nötig: in der Bildverarbeitung können unscharfe Daten z. B. als Grautonbilder in natürlicher Weise anfallen, etwa wenn man zweidimensionale Bilder dreidimensionaler Objekte studiert. Ähnlich erhält man in natürlicher Weise unscharfe Daten aus flächigen Beobachtungen, z. B. bei Härtemessungen, und in zahlreichen weiteren Fällen (siehe dazu Abschnitt 2.2).

Schließlich ist es ein Erfahrungswert, daß sich komplizierte technische, technologische, chemische, ökonomische etc. Prozesse häufig kürzer und doch ausreichend genau durch angemessene qualitative Beschreibungen statt durch präzise mathematische Modelle beherrschen oder auch darstellen lassen. Man denke etwa an viele Bedienungsanleitungen, Rezepturen, Entscheidungskriterien usw.

1.2. Die Entwicklung von Theorie und Anwendungen

Erfahrungen und Überlegungen der im Abschnitt 1.1 dargelegten Art führten den amerikanischen Systemtheoretiker L. A. Zadeh ab Mitte der 60er Jahre dazu, den Übergang von der mit traditionellen mathematischen Mitteln arbeitenden mathematischen Modellierung zur Benutzung unscharf abgegrenzter Mengen in einer qualitativ neuartigen Modellbildungsstrategie zu propagieren (vgl. Zadeh (1965, 1965a, 1969, 1971a, 1973)). Damit wurde ein Weg gewiesen, um den schon lange — z. B. in philosophischer Literatur (vgl. Goguen (1968/69)) — bemerkten Effekt vager, d. h. unscharf abgegrenzter Begriffe einer mathematisch sauberen Behandlung zugänglich zu machen. Eine in sich geschlossene mathematische Grundlegung dafür ist sowohl kategorientheoretisch (vgl. Goguen (1974)) als auch durch eine Kombination von (üblicher) Mengenlehre und mehrwertiger Logik (vgl. etwa Giles (1976, 1979), Gottwald (1981, 1984b), Novak (1986)) geliefert worden.

Für potentielle Anwendungen wird durch diesen Ansatz ein weites Feld erschlossen. Ausdruck dafür ist das immer noch stark ansteigende Interesse, das unscharfe Mengen und deren Anwendungen seit den ersten Publikationen von ZADEH erfahren. Nach wie vor empfehlenswerte Überblicksdarstellungen der Entwicklung etwa bis 1975 bzw. 1980 geben GAINES (1976), ZIMMERMANN (1979) und GOTTWALD (1981); das Buch DUBOIS/PRADE (1980) ist eine repräsentative Zusammenfassung der bis etwa 1978 erschienenen Literatur. Zu diesem Standardwerk sind in jüngerer Zeit eine Reihe weiterer thematisch breit angelegter Lehrbücher bzw. Monographien über unscharfe Mengen und deren Anwendungen getreten, von denen ZIMMERMANN (1985, 1987), KACPRZYK (1986) und POSPELOW (1986) besonders erwähnenswert sind, aber auch CZOGALA/PEDRYCZ (1985) und SMITHSON (1987) einen guten Zugang geben.

Waren anfangs die auf Anwendungen unscharfer Mengen gerichteten Arbeiten überwiegend theoretische Erörterungen über potentielle Anwendungsvarianten, so sind neben solche Publikationen zunehmend Arbeiten getreten, in denen konkrete Anwendungen entweder für den Labormaßstab oder für den großtechnischen Einsatz diskutiert bzw. vorgestellt werden. Als besonders fruchtbar hat sich dabei das Konzept des unscharfen Reglers erwiesen (vgl. Abschnitt 4.2) und die dafür wesentliche Idee der Beschreibung nur qualitativ vorliegender Informationen mittels unscharfer Mengen. Waren es zunächst im Labormaßstab die Steuerung einer Dampfmaschine und ihres Dampferzeugers, bzw. von Wärmeaustauschern, so gelang bald der erfolgreiche großtechnische Einsatz bei der Steuerung des Zementbrennprozesses (vgl. HOLMBLAD/ØSTERGAARD (1982)). Seither sind viele weitere Anwendungsvarianten diskutiert und realisiert worden (vgl. Abschnitt 4.5). Auch andere Prinzipien der Klassifizierung, der Gestaltserkennung, der Modellierung technischer Systeme, chemischer Prozesse, ökonomischer Planung usw. sind erfolgreich realisiert worden (KANDEL (1982), CARLSSON (1984), SCHMUCKER (1984)). Die Sammelbände MDSS und FSAMAR sowie BOCKLISCH (1987) liefern ausgewählte Beispiele. Die Verarbeitung unscharfer numerischer Informationen bildet häufig ein Teilproblem solcher Ansätze, hat aber auch eigenständiges Interesse (vgl. KAUFMANN/GUPTA (1985)).

Mit den Arbeiten ZADEH (1973, 1975, 1978, 1978a) trat eine neue Akzentverschiebung in den Vordergrund des Interesses: an Problemen der Wissensverarbeitung und der Künstlichen Intelligenz orientierte Versuche der direkten Verarbeitung unscharfer, qualitativer Information unter unmittelbarer Nutzung von Ausdrucksmitteln der Umgangssprache. Damit einher geht die Deutung unscharfer Mengen als „elastischer" Beschränkungen für die Werte geeigneter Variablen und der Zugehörigkeitswerte als Bewertungen für die Möglichkeit (Leichtigkeit, Uneingeschränktheit), daß die fragliche Variable einen gewissen Wert annimmt (wobei diese „Möglichkeit" nicht im Sinne der Wahrscheinlichkeitstheorie zu verstehen ist (vgl. Abschnitte 3.3 und 5.3)). Dadurch soll sowohl die direkte Speicherung unscharfer Informationen in Daten- bzw. Wissensbanken (einschließlich ihrer Prozessierung) als auch die unmittelbare Nutzung solcher Informationen im Mensch-Maschine-Dialog oder auch innerhalb von Expertensystemen realisierbar werden. Diesem sowohl als *Fuzzy-Logik* wie auch als *approximatives Schließen* bezeichneten Ansatz sind zahlreiche neuere Arbeiten gewidmet; eine kleine Auswahl ist: ZEMANKOVA-LEECH/KANDEL (1984), der Sammelband ARES, DUBOIS/PRADE (1985), O'HIGGINS HALL/KANDEL (1986), PRADE/NEGOITA (1986), während ZADEH (1987) eine Zusammenfassung aller hierfür relevanten und meist bahnbrechenden Arbeiten dieses Autors gibt. (In Abschnitt 4.4 werden einige der grundlegenden Ideen dieses Ansatzes erläutert.)

Die Modellierung verschiedenartiger Systeme und Prozesse in Technik und Ökonomie unter Heranziehung unscharfer Mengen und diese Versuche zur direkten Verarbeitung unscharfer, umgangssprachlich formulierter Informationen (etwa in Computern der 5. Generation) sind momentan die hauptsächlichsten Trends in den anwendungsorientierten Untersuchungen zu unscharfen Mengen. Die meisten Veröffentlichungen erscheinen in Sammelbänden und in der Zeitschrift *Fuzzy Sets and Systems*, die auch regelmäßig Zusammenstellungen der neuesten Publikationen enthält.

1.3. Zum vorliegenden Buch

Das vorliegende Büchlein gibt die wesentlichen Grundbegriffe an und orientiert sich auf deren Bedeutung für wichtige Anwendungen. Solche hauptsächlichen Anwendungen werden in ihren Grundgedanken erläutert. Durch zahlreiche Literaturhinweise wird potentiellen Anwendern — Ingenieuren, Naturwissenschaftlern, Ökonomen, aber auch Informatikern und an Anwendungen interessierten Mathematikern — der Zugang zur weiterführenden Literatur eröffnet. Gelegentliche — ebenfalls im Kleindruck beigefügte — Anmerkungen verweisen auf andernorts abweichend benutzte Bezeichnungsweisen bzw. Terminologien. Die rein mathematischen Aspekte sind bei dieser Darstellung nicht in den Vordergrund gestellt worden. Die übliche Mathematikausbildung für Ingenieure und Ökonomen an Hochschulen und Universitäten reicht zum Verständnis aus.

Die hier gewählte mathematische Bezeichnungsweise bewegt sich im Rahmen des üblichen. Die vielfach notwendige Unterscheidung gewöhnlicher und unscharfer Mengen geschieht in der Regel dadurch, daß kursive Großbuchstaben wie $A, B, \ldots, M, N, \ldots$ unscharfe Mengen, Großbuchstaben in Schreibschrift wie $\mathcal{A}, \mathcal{B}, \ldots, \mathcal{M}, \ldots, \mathcal{X}, \mathcal{Y}, \mathcal{Z}$ dagegen gewöhnliche, also scharfe Mengen bezeichnen. Großbuchstaben in Fraktur deuten üblicherweise Mengensysteme an. Da deutschsprachige Lehrbücher bisher fehlen, ist auch eine Liste angefügt, die die hier benutzten speziellen Termini der Theorie der unscharfen Mengen ihren allgemein üblichen englischsprachigen Entsprechungen gegenüberstellt.

Formeln werden je Kapitel fortlaufend numeriert: Formel $(m.n)$ ist die n-te Formel im Kapitel m. Die Literaturverweise schließlich werden, wie schon vorstehend gehandhabt, durch Angabe der Autoren- bzw. Herausgebernamen und der Erscheinungsjahre gegeben.

2. Unscharfe Mengen

2.1. *Grundbegriffe*

Eine *unscharfe Menge* A wird charakterisiert durch eine verallgemeinerte charakteristische Funktion $m_A\colon \mathcal{X} \to [0, 1]$, die *Zugehörigkeitsfunktion* von A genannt wird und über einem (von Fall zu Fall geeignet festzulegenden) *Grundbereich* $\mathcal{X}$ definiert ist. Soll der Grundbereich $\mathcal{X}$ einer unscharfen Menge A betont werden, so nennt man A eine *unscharfe Menge über* $\mathcal{X}$ oder auch eine *unscharfe Teilmenge von* $\mathcal{X}$. Meist jedoch wird der jeweilige Grundbereich aus dem Kontext klar sein und dann nicht extra erwähnt werden. Die Schreibschriftbuchstaben $\mathcal{X}, \mathcal{Y}, \ldots$ sollen weiterhin i. allg. Grundbereiche bezeichnen, ohne daß dies jeweils extra betont wird.

Es ist klar, daß für jede gewöhnliche, d. h. *scharfe Menge* $\mathcal{M}$ deren gewöhnliche charakteristische Funktion $m_{\mathcal{M}}$ eine derartige Zugehörigkeitsfunktion ist. Deswegen betrachten wir die scharfen Mengen als spezielle unscharfe Mengen, nämlich als diejenigen, bei denen nur 0 und 1 als Zugehörigkeitswerte auftreten. Unscharfe Mengen A, B sind genau dann *gleich*, wenn ihre Zugehörigkeitsfunktionen *gleich* sind:

$$A = B \Leftrightarrow m_A(x) = m_B(x) \quad \text{für alle} \quad x \in \mathcal{X}. \tag{2.1}$$

Mit $\mathfrak{F}(\mathcal{X})$ werde die Gesamtheit aller unscharfen Mengen über $\mathcal{X}$ bezeichnet.

Will man eine spezielle unscharfe Menge A über einem Grundbereich $\mathcal{X}$ beschreiben, so gibt man ihre Zugehörigkeitsfunktion m_A an — und zwar entweder durch einen Funktionsausdruck oder eine Wertetabelle, oder auch durch eine Skizze des Graphen von m_A. Besonders für endliche Grundbereiche $\mathcal{X}$ ist die Beschreibung der Zugehörigkeitsfunktionen unscharfer Mengen durch Funktionstabellen nützlich. Ist etwa $\mathcal{X}_0 = \{a_1, a_2, \ldots, a_6\}$, so beschreibt die Tabelle

$$C: \begin{array}{cccccc} a_1 & a_2 & a_3 & a_4 & a_5 & a_6 \\ 0{,}3 & 0{,}7 & 0{,}9 & 0{,}6 & 0 & 0{,}2 \end{array} \tag{2.2}$$

eine unscharfe Menge C mit $m_C(a_2) = 0{,}7$ und $m_C(a_6) = 0{,}2$. Hat man für die Elemente des Grundbereiches $\mathcal{X}$ eine natürliche Anordnung festgelegt, wie sie z. B. bei den Elementen von $\mathcal{X}_0$ durch die Größe ihrer Indizes gegeben ist, dann kann man die Tabelle auch einfach durch den Vektor der Zugehörigkeitswerte ersetzen, also

$$\boldsymbol{m}_A = (m_A(x_1), \ldots, m_A(x_n)) \tag{2.3}$$

als Darstellung wählen. Für konkrete Rechnungen ist dies oft sehr nützlich.

Für C wird auch die Darstellung in Form einer „Summe" benutzt:

$$C = 0{,}3/a_1 + 0{,}7/a_2 + 0{,}9/a_3 + 0{,}6/a_4 + 0/a_5 + 0{,}2/a_6, \tag{2.4}$$

in der der „Summand" $0/a_5$ auch fehlen darf. Wir werden diese Darstellungsweise hier jedoch nicht verwenden.

Als wichtige Beispiele unscharfer Mengen hat man sofort die durch

$$\forall x \in \mathcal{X}: m_\emptyset(x) = 0 \tag{2.5}$$

beschriebene *leere unscharfe Menge* $\emptyset$ und die *Universalmenge* X über $\mathcal{X}$ mit

$$\forall\, x \in \mathcal{X} : m_X(x) = 1\,. \tag{2.6}$$

Soll als weiteres Beispiel etwa die unscharfe Menge A aller reellen Zahlen, die nahezu gleich 10 sind, festgelegt werden, so wird man zuerst $\mathcal{X} = \mathbb{R}^+$ wählen. Dann kann A beispielsweise durch den Ansatz

$$m_A(x) = \max\,\{0, 1 - (10 - x)^2/2\} \tag{2.7}$$

bestimmt werden, wofür wir abkürzend einfacher

$$m_A(x) = [1 - (10 - x)^2/2]^+ \tag{2.8}$$

schreiben wollen.

Allerdings könnte für diese unscharfe Menge A auch ein Ansatz mit einer anderen Zugehörigkeitsfunktion, z. B. mit

$$\begin{aligned} m_A(x) &= [1 - |x - 10|/2]^+ \\ &= \begin{cases} 0, & \text{wenn } x \leqq 8 \text{ oder } x \geqq 12, \\ (x-8)/2, & \text{wenn } 8 \leqq x \leqq 10, \\ (12-x)/2, & \text{wenn } 10 \leqq x \leqq 12 \end{cases} \end{aligned} \tag{2.9}$$

gewählt werden. Hier zeigt sich eine bei den Anwendungen oft zu beobachtende Erscheinung: Die Theorie der unscharfen Mengen gibt nicht nur die Möglichkeit, Abstufungen der Zugehörigkeit zu beschreiben, sie gestattet auch für die inhaltlich i. allg. nur angenähert bestimmten Abstufungsvorstellungen unterschiedliche Arten der formalen Modellierung. In praxi sind es daher vielfach weitergehende inhaltliche Vorstellungen, aber auch rechnerisch einfach zu handhabende Funktionstypen, die den Ausschlag für die Festlegungen von Zugehörigkeitsfunktionen geben können.

Für den Vergleich und für teilweise Charakterisierungen unscharfer Mengen sind verschiedene Kenngrößen von Interesse. Sehr wichtig ist der *Träger* einer unscharfen Menge A:

$$\operatorname{supp}(A) =_{\text{def}} \{x \in \mathcal{X} \mid m_A(x) > 0\}, \tag{2.10}$$

d. h. die Gesamtheit aller Argumentwerte, für die die Zugehörigkeitsfunktion ungleich Null ist. Ist der Träger einer unscharfen Menge eine gewöhnliche Einermenge, dann heißt solch eine unscharfe Menge eine *unscharfe Einermenge*.

Eine weitere Kenngröße ist das Supremum der Zugehörigkeitswerte, die *Höhe* einer unscharfen Menge A:

$$\mathrm{hgt}\,(A) =_{\mathrm{def}} \sup_{x \in \mathcal{X}} m_A(x) . \tag{2.11}$$

Unscharfe Mengen, deren Höhe gleich Eins ist, heißen *normalisiert* (oder auch normal), die anderen von $\emptyset$ verschiedenen unscharfen Mengen heißen *subnormal*. So ist z. B. die in (2.2) angegebene unscharfe Menge C subnormal; normalisierte unscharfe Mengen dagegen sind durch die Zugehörigkeitsfunktionen (2.8) und (2.9) gegeben. Die subnormalen unscharfen Mengen A sind charakterisiert durch:

$$A \text{ subnormal} \Leftrightarrow 0 < \mathrm{hgt}\,(A) < 1 . \tag{2.12}$$

Offensichtlich gilt außerdem

$$\mathrm{hgt}\,(A) = 0 \Leftrightarrow A = \emptyset \Leftrightarrow \mathrm{supp}\,(A) = \emptyset . \tag{2.13}$$

Subnormale unscharfe Mengen können durch eine einfache Maßstabstransformation der Zugehörigkeitswerte in normalisierte unscharfe Mengen verwandelt werden: Man bilde einfach zu einer subnormalen unscharfen Menge A die unscharfe Menge A^* mit der Zugehörigkeitsfunktion

$$m_{A^*}(x) = m_A(x)/\mathrm{hgt}\,(A) . \tag{2.14}$$

A^* ist eine normalisierte unscharfe Menge, für die $\mathrm{supp}\,(A) = \mathrm{supp}\,(A^*)$ gilt. Ist A schon normalisiert, dann ist $A^* = A$. Eine endliche scharfe Menge hat als Kenngröße auch ihre Elementeanzahl, ihre Mächtigkeit oder Kardinalität. Formal erhält man diese durch Summation über ihre charakteristische Funktion. Analog kann man für unscharfe Mengen mit endlichem Träger die Summe aller Zugehörigkeitswerte

$$\mathrm{card}\,(A) =_{\mathrm{def}} \sum_{x \in \mathcal{X}} m_A(x) \tag{2.15}$$

als *Kardinalität* für die unscharfe Menge $A \in \mathfrak{F}(\mathcal{X})$ empfehlen. Wenn $\mathcal{X}$ nicht endlich ist, läuft die Summe selbstverständlich nur über den Träger $\mathrm{supp}\,(A)$, da m_A für andere $x \in \mathcal{X}$ Null ist. Für abzählbar unendliche Grundbereiche, z. B. diskrete Mengen der Gestalt $\mathcal{X} = \{a_i \mid i \geqq 1\}$, können unscharfe Mengen mit unendlichem Träger endliche, aber auch unendliche Kardinalität im Sinne von (2.15) haben.

Ist dagegen $\mathcal{X}$ die reelle Zahlengerade $\mathbb{R}$, einer der n-dimensionalen (Zahlen-) Räume $\mathbb{R}^n$, irgendein Intervall daraus oder überhaupt irgendeine „kontinuierliche" Menge mit einem Inhaltsmaß P, dann wird man anstelle von (2.15) die Verallgemeinerung eines Inhaltsbegriffs als Mächtigkeit einer unscharfen Menge verwenden und als Kardinalität

$$\text{card}\,(A) =_{\text{def}} \int_{\mathcal{X}} m_A(x)\,\mathrm{d}P \tag{2.16}$$

wählen. Für $\mathbb{R}$, $\mathbb{R}^n$ und die Teilbereiche davon nimmt man normalerweise als P den üblichen Inhalt und also in (2.16) das gewöhnliche Integral mit $\mathrm{d}P = \mathrm{d}x$. Natürlich hat man nur solche unscharfen Mengen zu betrachten, deren Zugehörigkeitsfunktionen entsprechend integrierbar sind.

Häufig ist von Interesse, welche Kardinalität eine unscharfe Menge im Verhältnis zu der einer anderen hat, z. B. im Verhältnis zu der des Grundbereiches. Sind beide endlich, dann wäre die *relative Kardinalität* (bezogen auf den Grundbereich)

$$\text{card}_{\mathcal{X}}\,(A) =_{\text{def}} \sum_{x\in\mathcal{X}} m_A(x) / \sum_{x\in\mathcal{X}} 1 \tag{2.17}$$

oder kürzer

$$\text{card}_{\mathcal{X}}\,(A) = \text{card}\,(A)/N, \tag{2.18}$$

wobei N die Elementezahl des Grundbereiches $\mathcal{X}$ ist. Auch wenn der Grundbereich $\mathcal{X}$ nicht mehr endlich ist, kann die relative Kardinalität gemäß (2.17), wenn die Summation in Zähler und Nenner simultan durchgeführt wird, für gewisse Mengen einen endlichen Wert liefern und anschaulich deutbar sein.

Für kontinuierliche Grundbereiche $\mathcal{X}$ mit endlichem Inhalt im Sinne des gewählten Maßes P ist als relative Kardinalität (bezüglich des Grundbereiches) der Ansatz

$$\text{card}_{\mathcal{X}}\,(A) =_{\text{def}} \int_{\mathcal{X}} m_A(x)\,\mathrm{d}P / \int_{\mathcal{X}} \mathrm{d}P \tag{2.19}$$

zu empfehlen, den man in der Form (2.18) schreiben kann, wenn man den Gesamtinhalt des Grundbereiches mit N bezeichnet. Für Grundbereiche mit nichtendlichem Inhalt gilt analog zum Fall nichtendlicher diskreter Mengen, daß bei entsprechender Deutung des Quotienten der Integrale gewisse unscharfe Mengen mit unendlicher Kardinalität card (A) eine endliche relative Kardinalität $\text{card}_{\mathcal{X}}\,(A)$ haben.

Außer dem in (2.10) definierten Träger lassen sich einer unscharfen Menge A weitere scharfe Mengen zuordnen. Besonders wichtig sind dabei die für beliebiges $\alpha \in \mathbb{I} = [0, 1]$ erklärten *α-Schnitte* $A^{>\alpha}$:

$$A^{>\alpha} =_{\text{def}} \{x \in \mathscr{X} \mid m_A(x) > \alpha\} \tag{2.20}$$

und die ihnen analogen *scharfen α-Schnitte* $A^{\geqq\alpha}$:

$$A^{\geqq\alpha} =_{\text{def}} \{x \in \mathscr{X} \mid m_A(x) \geqq \alpha\}\,. \tag{2.21}$$

Der Träger supp (A) ist ein spezieller α-Schnitt: supp $(A) = A^{>0}$; der scharfe 1-Schnitt $A^{\geqq 1} = \{x \in \mathscr{X} \mid m_A(x) = 1\}$ heißt auch *Kern* von A.

Jede unscharfe Menge bestimmt eindeutig alle ihre α-Schnitte und ihre scharfen α-Schnitte. Interessant und wichtig ist, daß auch umgekehrt sowohl die sämtlichen α-Schnitte als auch die sämtlichen scharfen α-Schnitte eine unscharfe Menge eindeutig bestimmen. Es gilt nämlich für jedes $x \in \mathscr{X}$:

$$m_A(x) = \sup_{\alpha \in [0,1)} \alpha \cdot m_{A^{>\alpha}}(x) = \sup_{\alpha \in (0,1]} \alpha \cdot m_{A^{\geqq\alpha}}(x)\,. \tag{2.22}$$

Die so gegebene Möglichkeit, eine unscharfe Menge in eine Familie von gewöhnlichen Mengen zu „zerlegen", wird oft benutzt, um Beziehungen und Verknüpfungen zwischen unscharfen Mengen auf Beziehungen und Verknüpfungen zwischen gewöhnlichen Mengen zurückzuführen.

Wir wollen dies am Beispiel der *Inklusion*, d. h. der Teilmengenbeziehung für unscharfe Mengen erläutern. Von zwei unscharfen Mengen A, B über $\mathscr{X}$ sagen wir, daß die eine eine *Teilmenge* der anderen sei, in Zeichen $A \subseteqq B$, falls die Zugehörigkeitswerte $m_A(x)$ stets unter den Zugehörigkeitswerten $m_B(x)$ liegen:

$$A \subseteqq B \Leftrightarrow_{\text{def}} m_A(x) \leqq m_B(x) \quad \text{für alle} \quad x \in \mathscr{X}\,. \tag{2.23}$$

Man sieht sofort, daß für unscharfe Mengen A, $B \in \mathfrak{F}(\mathscr{X})$ die Beziehungen

$$\emptyset \subseteqq A \subseteqq X\,, \tag{2.24}$$

$$A \subseteqq B,\, B \subseteqq A \Rightarrow A = B \tag{2.25}$$

gelten. Also sind $\emptyset$, X kleinstes bzw. größtes Element von $\mathfrak{F}(\mathscr{X})$ bez. $\subseteqq$; und wegen (2.25) kann man auch für unscharfe Mengen A, B den Nachweis ihrer Gleichheit dadurch führen, daß man zeigt, daß sowohl $A \subseteqq B$ als auch $B \subseteqq A$ gelten. Weiter bestätigt man sofort, daß

$$A \subseteqq A \quad \text{und} \quad A \subseteqq B, B \subseteqq C \Rightarrow A \subseteqq C \tag{2.26}$$

für beliebige $A, B, C \in \mathfrak{F}(\mathcal{X})$ gelten: $\subseteqq$ ist also eine Halbordnung in der Menge $\mathfrak{F}(\mathcal{X})$ aller unscharfen Teilmengen von $\mathcal{X}$. Hinsichtlich der α-Schnitte findet man die Beziehungen

$$A \subseteqq B \Rightarrow A^{>\alpha} \subseteq B^{>\alpha}, A^{\geqq\alpha} \subseteq B^{\geqq\alpha} \quad \text{für alle} \quad \alpha \in [0, 1] \tag{2.27}$$

und also speziell

$$A \subseteqq B \Rightarrow \operatorname{supp}(A) \subseteq \operatorname{supp}(B). \tag{2.28}$$

Außerdem gilt natürlich

$$A \subseteqq B \Rightarrow \operatorname{hgt}(A) \leqq \operatorname{hgt}(B). \tag{2.29}$$

Besonders wichtig ist aber, daß (2.27) umkehrbar ist und

$$\begin{aligned} A \subseteqq B &\Leftrightarrow A^{>\alpha} \subseteq B^{>\alpha} \quad \text{für alle} \quad \alpha \in [0, 1), \\ &\Leftrightarrow A^{\geqq\alpha} \subseteq B^{\geqq\alpha} \quad \text{für alle} \quad \alpha \in (0, 1] \end{aligned} \tag{2.30}$$

gilt. Die Teilmengenbeziehung für unscharfe Mengen kann also mittels der Teilmengenbeziehung zwischen den Schnitten jener unscharfen Mengen charakterisiert werden. Mit (2.25) ergibt sich sogar eine Charakterisierung der Gleichheit unscharfer Mengen:

$$\begin{aligned} A = B &\Leftrightarrow A^{>\alpha} = B^{>\alpha} \quad \text{für alle } \alpha \in [0, 1), \\ &\Leftrightarrow A^{\geqq\alpha} = B^{\geqq\alpha} \quad \text{für alle } \alpha \in (0, 1]. \end{aligned} \tag{2.31}$$

Sind insbesondere A, B scharfe Mengen, so gilt $A \subseteqq B$ genau dann, wenn im gewöhnlichen Sinne A Teilmenge von B ist; also ist die Definition (2.23) eine direkte Verallgemeinerung der gewöhnlichen Teilmengenbeziehung.

Bisher ist offen geblieben, was eine unscharfe Menge ist. Vom mathematischen Standpunkt ist es am einfachsten, die unscharfen Mengen mit ihren Zugehörigkeitsfunktionen zu identifizieren, für gegebenen Grundbereich $\mathcal{X}$ ist also $\mathfrak{F}(\mathcal{X}) = [0, 1]^{\mathcal{X}}$ als Gesamtheit aller unscharfen Teilmengen von $\mathcal{X}$ zu nehmen. Ohne prinzipielle Bedeutung ist auch die Wahl des reellen Einheitsintervalls $\mathbb{I} = [0, 1]$ als Menge der verallgemeinerten Zugehörigkeitswerte: irgendeine andere Menge L — etwa die Menge aller Elemente eines Verbandes — mit zwei ausgezeichneten Elementen 0 und 1 kann diese Rolle ebenso übernehmen und führt dann zur Gesamtheit $\mathfrak{F}_{\mathsf{L}}(\mathcal{X}) = \mathsf{L}^{\mathcal{X}}$ aller sog. *L-unscharfen Mengen*. Für die numerische Behandlung unscharfer Mengen, die oft mit der Betrachtung endlicher Grundbereiche $\mathcal{X}$ verbunden ist, erweist sich mitunter auch die Beschränkung auf endliche äquidistante Punktmengen

$$\mathsf{L}_m = \{k/(m-1) \mid 0 \leqq k \leqq m-1\} \subseteq \mathbb{I} \tag{2.32}$$

als Mengen der verallgemeinerten Zugehörigkeitswerte als günstig. Übrigens kann der Grundbereich $\mathcal{X}$ als Elemente selbst wieder unscharfe Mengen enthalten oder ganz aus solchen bestehen, etwa also $\mathcal{X} = \mathfrak{F}(\mathcal{Y})$ und damit $\mathfrak{F}(\mathcal{X}) = \mathfrak{F}(\mathfrak{F}(\mathcal{Y}))$ sein.

Solche unscharfen Mengen höherer Stufe können im Rahmen von Grundbereichen unscharfer Mengen, die gegen die Bildung unscharfer Mengen abgeschlossen sind, im Stile der gewöhnlichen allgemeinen Mengenlehre diskutiert werden (vgl. CHAPIN (1974/75), GOTTWALD (1979a), DUBOIS/PRADE (1980), ZHANG (1980), WEIDNER (1981)).

Die Grundidee der unscharfen Mengen, die Abstufung der Zugehörigkeit von Elementen zu Mengen, kann andererseits selbst iteriert, also ausgenutzt werden, um auch die Zugehörigkeitswerte selbst nur unscharf anzugeben oder als nur unscharf bestimmt anzunehmen. Mehr ins Detail gehende Untersuchungen solcher *unscharfen Mengen höheren Typs* beschränken sich meist auf Spezialfälle *unscharfer Mengen vom Typ 2*, deren Zugehörigkeitswerte aus $\mathfrak{F}([0, 1])$ genommen werden: nämlich auf Intervalle von $[0, 1]$ als Zugehörigkeitswerte (z. B. bei SAMBUC (1975), JAHN (1975)).

Während die Mengen L_m von (2.32) naheliegende „Konkurrenten" für die Menge $[0, 1]$ der bevorzugt benutzten Zugehörigkeitswerte sind, ist der Bezug auf andere, allgemeinere Mengen L von Zugehörigkeitswerten stark anwendungsabhängig, soll er nicht als pure Spekulation erscheinen. Als natürliche Idee erscheint aber z. B. die Vorstellung, bei der Verarbeitung von Farbbildern Intensität und Art der Farbe getrennt zu behandeln — die Intensität je Farbe etwa mit Werten aus $[0, 1]$ abzustufen, die Farbarten aber parallel zu behandeln. Dies würde bei n Farbarten die Wahl $\mathsf{L} = [0, 1]^n$ nahelegen.

In jedem Falle ist es möglich, die die Zugehörigkeit eines Elementes zu einer Menge abstufenden Werte als verallgemeinerte Wahrheitswerte anzusehen, die zusammen mit den üblichen Werten 0 (für „falsch") und 1 (für „wahr") Aussagen über die Zugehörigkeit eines Elementes zu einer Menge zukommen. Folgt man dieser Auffassung, dann ist es natürlich, die Theorie der unscharfen Mengen im Rahmen einer geeigneten mehrwertigen Logik zu entwickeln, deren Menge verallgemeinerter Wahrheitswerte gerade die Menge der betrachteten möglichen Zugehörigkeitswerte ist. Man wird dann neben Variablen $x, y, z, \ldots$ und Konstanten $a, b, c, \ldots$ für Elemente entsprechende Symbole (meist Großbuchstaben — die Details brauchen hier nicht ausgeführt zu werden) für unscharfe Mengen einführen und ein zweistelliges mehrwertiges Prädikat ε für die Elementbeziehung, so daß

$$m_A(x) = [\![x \varepsilon A]\!] \tag{2.33}$$

wird, wenn $[\![H]\!]$ den Wahrheitswert eines in der so konstituierten Sprache formulierten Ausdrucks H bezeichnet. (Die dabei stets noch zu fixierende Belegung der auftretenden Variablen soll als durch den Kontext bestimmt angenommen werden.) Die unscharfen Mengen werden dabei zu Mengen im Rahmen einer auf der Grundlage mehrwertiger Logik betriebenen verallgemeinerten Mengenlehre. Diese Sichtweise erweist sich vielfach als fruchtbar, weil sie ein Weg ist, enge Analogien zwischen Begriffsbildungen und Resultaten für unscharfe Mengen und für gewöhnliche Mengen augenfällig zu machen (vgl. Gottwald (1989)). Hier soll der Nutzen dieser Sichtweise an zwei Beispielen erläutert werden, wobei wieder [0, 1] oder eine der Mengen L_m die Menge der Zugehörigkeitswerte sei. Dann gibt es auf Łukasiewicz/Tarski (1930) zurückgehende Systeme mehrwertiger Logik, in denen die Funktion $\mathrm{seq}_L : [0, 1]^2 \to [0, 1]$, die als

$$\mathrm{seq}_L\,(u, v) = \min\,\{1, 1 - u + v\} \tag{2.34}$$

erklärt ist, die Wahrheitswertfunktion einer Implikation $\to$ ist. Mit dieser Implikation und einer als Infimumbildung zu verstehenden (mehrwertigen) Allquantifizierung $\forall$ bedeutet die Inklusionsdefinition (2.23) gerade

$$A \subseteqq B \Leftrightarrow [\![\forall\, x(x\varepsilon A \to x\varepsilon B)]\!] = 1\,. \tag{2.35}$$

Man sieht, daß bei konsequenter Verfolgung des Standpunktes der mehrwertigen Logik die Verallgemeinerung

$$A \subseteqq B =_{\mathrm{def}} \forall\, x(x\varepsilon A \to x\varepsilon B)\,, \tag{2.36}$$

die auch die Inklusion für unscharfe Mengen als mehrwertiges, also abgestuftes und damit „unscharfes" Prädikat einführt, naheliegender und natürlicher ist. Und wirklich zeigt sich, daß der Ansatz (2.36) in Betrachtungen zur Anwendung unscharfer Mengen erfolgreich benutzt werden kann (vgl. Gottwald/Pedrycz (1986a) sowie Satz 4.3 und die diesem folgenden Bemerkungen). Ein zweites Beispiel betreffe die Notation für unscharfe Mengen. Die Beschreibung gewöhnlicher Mengen mittels *Klassentermen* als $\mathcal{M} = \{x \mid H(x)\}$ ist sehr elegant und flexibel. Für unscharfe Mengen ist sofort folgende Vereinbarung entsprechend günstig:

$$A = \{x \in \mathcal{X} \parallel H(x)\} \Leftrightarrow m_A(x) = [\![H(x)]\!] \quad \text{für alle} \quad x \in \mathcal{X}\,, \tag{2.37}$$

wobei wieder H ein Ausdruck der oben angedeuteten mehrwertig mengentheoretischen Sprache sein soll.

Die Charakterisierungen (2.22) und (2.31) unscharfer Mengen durch die Gesamtheit ihrer (scharfen) α-Schnitte sind übrigens nichts anderes als Darstellungssätze, denen in naheliegender Weise noch ein weiterer an die Seite tritt: Eine unscharfe Menge A ist auch eindeutig charakterisiert durch die Familie aller ihrer *α-Komponenten* $A^{=\alpha}$:

$$A^{=\alpha} =_{\text{def}} \{x \in \mathcal{X} \mid m_A(x) = \alpha\}; \tag{2.38}$$

die Zugehörigkeitsfunktion m_A kann dabei analog wie in (2.22) durch Supremumbildung gewonnen werden.

2.2. Beispiele für unscharfe Mengen und für deren Spezifizierung

Nach den Grundbegriffen für unscharfe Mengen sollen nun zunächst eine Reihe verschiedenster Beispiele für unscharfe Mengen und für Möglichkeiten und Wege zur Festlegung von Zugehörigkeitsfunktionen besprochen werden.

Wenn die Grundmenge $\mathcal{X}$ nur *endlich* viele Elemente hat, z. B. natürliche Subjekte oder Objekte, Varianten, o. ä., dann gibt es, in der Regel, nur die Möglichkeit, eine unscharfe Menge A über $\mathcal{X}$ durch die Angabe des Zugehörigkeitswertes $m_A(x)$ für jedes Element $x \in \mathcal{X}$ einzeln festzulegen. Diese Angabe kann gelegentlich aus vorliegenden Informationen über das Verhalten von x in bezug auf A in der Vergangenheit erhalten werden, meist jedoch muß ein Fachmann (Experte) mit seinen Kenntnissen aus dem Sachzusammenhang oder sogar eine Gruppe von Fachleuten an dieser Festlegung maßgeblich mitwirken. Die Zusammenfassung unterschiedlicher Angaben kann dann durch eine (möglicherweise gewichtete) Mittelung oder über ein komplizierteres Verfahren zur Erzielung eines Gruppenkonsenses erfolgen (vgl. Civanlar/Trussel (1986); Mirkin (1979); Cholewa (1985); Khurgin/Polyakov (1986)). Die weitere Möglichkeit, *unscharfe* Zugehörigkeitswerte festzulegen, also zu unscharfen Mengen höheren Types überzugehen, dürfte im gewöhnlichen Fall die Behandlung des praktisch zu lösenden Problems zu aufwendig machen.

Ist die Elementeanzahl n von $\mathcal{X}$ sehr groß oder ist die Annahme üblich, daß $\mathcal{X}$ ein *Kontinuum* ist (z. B. Temperatur, Masse, finanzielle Mittel), dann ist dieses Vorgehen nicht mehr praktizierbar. Als Grundlage der Spezifizierung unscharfer Mengen können dann, in der Regel, *mathematische Objekte* herangezogen werden.

Für die folgenden Beispiele sei $\mathcal{X}$ ein geeigneter euklidischer Raum.

Das einfachste mathematische Objekt ist eine Zahl, $x_0 \in \mathbb{R}^1$. Eine *unscharfe Zahl A* (z. B. „ungefähr 10") erhält man dadurch, daß man eine scharfe Zahl ($x_0 = 10$) als Kern von A nimmt und

m_A nach rechts und links monoton auf 0 absinken läßt. Die Festlegung von m_A kann wegen der schon oben bei den Ansätzen (2.7), (2.9) bemerkten Freiheiten bei der Wahl einer konkreten Zugehörigkeitsfunktion zweckmäßigerweise durch die Wahl eines parametrischen Ansatzes erfolgen, dessen Parameter dann dem praktischen Problem angepaßt werden, z. B.:

$$m(x; c_1) = [1 - c_1 |x - x_0|]^+, \quad c_1 > 0, \tag{2.39}$$

$$m(x; c_2) = [1 - c_2(x - x_0)^2]^+, \quad c_2 > 0, \tag{2.40}$$

$$m(x; c_3) = [1 + c_3 |x - x_0|]^{-1}, \quad c_3 > 0, \tag{2.41}$$

$$m(x; c_4, p) = [1 + c_4 |x - x_0|^p]^{-1}, \quad c_4 > 0, \quad p > 1, \tag{2.42}$$

$$m(x; c_5, p) = \exp\{-c_5 |x - x_0|^p\}, \quad c_5 > 0, \quad p \geqq 1. \tag{2.43}$$

Dabei bedeutet wie früher $[v]^+ = \max\{0, v\}$. Für den Differenzbetrag können auch andere Abstände zwischen x und x_0 gesetzt werden. Sollen die Funktionen unsymmetrisch sein, dann kann man z. B. Zweige mit verschiedenen Parametern, und sogar mit verschiedenen Funktionstypen bei $x = x_0$ miteinander koppeln. Die unscharfe Menge A = „ungefähr 10" könnte so auch folgende unsymmetrische Zugehörigkeitsfunktion haben:

$$\forall\, x \in \mathbb{R}: m_A(x) = \begin{cases} [1 - |10 - x|]^+ & \text{für } x \leqq 10, \\ [1 - (x - 10)^2/10]^+ & \text{für } x > 10. \end{cases} \tag{2.44}$$

Parametrische Ansätze in der Art von (2.39) bis (2.43) bilden auch den Ausgangspunkt der sogenannten L/R-Darstellung für unscharfe Zahlen, die ein Rechnen, d. h. die Ausführung arithmetischer Operationen, mit ihnen wesentlich erleichtert (vgl. Abschnitt 2.4).

Bei der Verwendung von Typen der Form (2.41) bis (2.43) ist zu beachten, daß der Träger einer damit spezifizierten unscharfen Zahl stets die gesamte reelle Achse $\mathbb{R}$ ist. Beim Einsatz von Rechnern werden sich daher Näherungen unumgänglich machen.

Nachdem ein Ansatz für m_A gewählt wurde, der den Vorstellungen von der Form der Unschärfe der Menge A entspricht, können die Parameter noch an die Gegebenheiten angepaßt werden. Häufig ist es einfach, sich auf Zahlen x_1, x_2, x_3, x_4 zu einigen, bei denen für ein gegebenes (kleines) $d > 0$ gilt

$$x_1 = \sup \{x \in \mathcal{X} \mid m_A(x) = 0, m_A(x + d) > 0\}$$

oder für ein gegebenes (kleines) $\varepsilon > 0$

$$\begin{aligned} x_1 &= \sup \{x \in \mathcal{X} \mid m_A(x) = \varepsilon, m_A(x + d) > \varepsilon\}), \\ x_2 &= \sup \{x \in \mathcal{X} \mid m_A(x) = 1/2, m_A(x + d) > 1/2\}, \\ x_3 &= \inf \{x \in \mathcal{X} \mid m_A(x) = 1/2, m_A(x - d) > 1/2\}, \\ x_4 &= \inf \{x \in \mathcal{X} \mid m_A(x) = 0, m_A(x - d) > 0\} \end{aligned} \tag{2.45}$$

(oder analog wie bei x_1).

Die Parameter der Ansatzfunktion werden dann an

$$m_A(x_1) = m_A(x_4) = 0, m_A(x_2) = m_A(x_3) = 1/2, m_A(x_0) = 1$$

in geeigneter Weise angepaßt.

Gelegentlich wird empfohlen, m_A an vorhandene geglättete Histogramme anzupassen. Dabei ist zu beachten, daß die relative Häufigkeit nicht unbedingt den Grad der Zugehörigkeit widerspiegelt (s. Abschnitt 5.3 und Civanlar/Trussell (1986)).

Analog dem Vorgehen zur Spezifizierung einer unscharfen Zahl ist das Vorgehen zum Spezifieren eines *unscharfen Punktes*, z. B. im $\mathbb{R}^k$. Ein scharfer Punkt $\boldsymbol{x}_0 \in \mathbb{R}^k$ liefert den Kern, von dem aus die Zugehörigkeitsfunktion nach allen Seiten monoton abnimmt. Die Differenz $(x - x_0)$ in (2.39) bis (2.43) ist in einem entsprechenden Ansatz durch einen Abstand $d(\boldsymbol{x}, \boldsymbol{x}_0)$ der beiden Punkte voneinander zu ersetzen. Der Ansatz selbst könnte eine monoton abnehmende Funktion h nutzen, die noch einige freie Parameter enthält

$$m(\boldsymbol{x}; \boldsymbol{c}) = h\big(d(\boldsymbol{x}, \boldsymbol{x}_0); \boldsymbol{c}\big) \quad \text{mit} \quad \boldsymbol{c} \in \mathcal{C} \subseteq \mathbb{R}^r. \tag{2.46}$$

Doch können sich auch andere Typen als problemgerecht anbieten.

Als häufig benutzte Spezialfälle von (2.46) seien genannt: die *Hyperpyramide* (s. Abb. 3)

$$m(\boldsymbol{x}; c_1, \ldots, c_k) = \left[1 - \sum_{j=1}^{k} c_j \, |x_j - x_{j0}|\right]^+ \tag{2.47}$$

mit $\boldsymbol{x} = (x_1, \ldots, x_k)^\mathsf{T}$; $\boldsymbol{x}_0 = (x_{10}, \ldots, x_{k0})^\mathsf{T}$ und $c_j > 0$ für $j = 1, \ldots, k$; über einem Hyperrechtkant

$$\mathcal{K} := \{\boldsymbol{x} \in \mathbb{R}^k \mid |x_j - x_{j0}| \leqq c_{j0} \leqq c_j, \; 1, \ldots, k\}$$

das elliptische *Hyperparaboloid* (s. Abb. 2)

$$m(\boldsymbol{x}; \boldsymbol{B}) = [1 - (\boldsymbol{x} - \boldsymbol{x}_0)^{\mathrm{T}} \boldsymbol{B}(\boldsymbol{x} - \boldsymbol{x}_0)]^+ \qquad (2.48)$$

mit einer positiv definiten k-reihigen Matrix $\boldsymbol{B}$ über dem Hyperellipsoid $(\boldsymbol{x} - \boldsymbol{x}_0)^{\mathrm{T}} \boldsymbol{B}(\boldsymbol{x} - \boldsymbol{x}_0) \leqq 1$.

Natürlich sind auch andere Typen analog zu (2.41) bis (2.43) konstruierbar und werden benutzt. Es gibt außerdem die Möglichkeit, unscharfe Punkte aus unscharfen Zahlen in den Komponenten aufzubauen, ein praktisches Beispiel enthält BANDEMER/KRAUT/VOGT (1988).

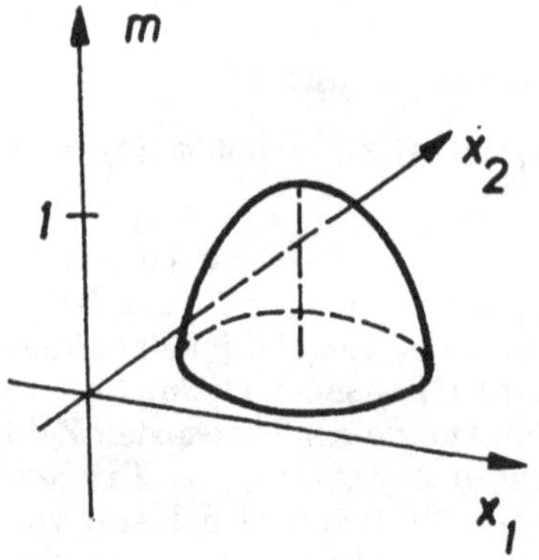

Abb. 2

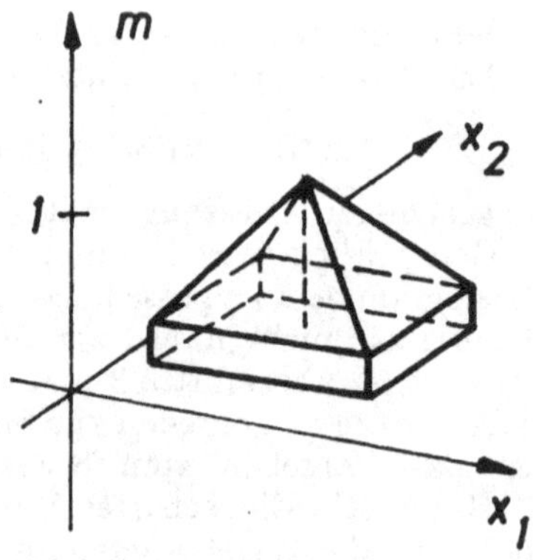

Abb. 3

Unscharfe Punkte werden z. B. dann spezifiziert, wenn an (pseudo-exakten) punktförmig erfaßten Beobachtungen deren Ungenauigkeit deutlich gemacht werden kann. Bei (2.47) wären es (symmetrische) Intervalle der Komponenten, die diese Ungenauigkeit widerspiegeln, bei (2.48) können die Ungenauigkeiten in allen Raumrichtungen durch die Matrix $\boldsymbol{B}$ erfaßt werden, die damit hier eine analoge Rolle wie die Kovarianzmatrix in der mathematischen Statistik spielt, allerdings nun nur für den speziellen Beobachtungspunkt $\boldsymbol{x}_0$. Formalmathematisch betrachtet ist (2.48) eine quadratische Approximation einer Normalverteilungsdichte, wahrscheinlichkeitstheoretische Modellvorstellungen werden hier damit jedoch nicht verbunden.

Wenn es nicht möglich ist, die Unschärfe für jede einzelne punktförmig erfaßte Beobachtung anzugeben, so läßt sich gelegentlich aus der Gesamtheit der pseudo-exakten Beobachtungen auf die lokale Unschärfe der „Gesamtbeobachtung" schließen. Man läßt ein morphologisches Strukturelement (SERRA (1982)), z. B. eine Hyperkugel $(\boldsymbol{x} - \boldsymbol{x}_s)^T (\boldsymbol{x} - \boldsymbol{x}_s) = \delta^2$, mit einem gegebenen Radius δ im Raum $\mathbb{R}^k$ variieren und schreibt dem momentanen Mittelpunkt $\boldsymbol{x}_s$ als Zugehörigkeitswert $m_A(\boldsymbol{x}_s)$ die relative Anzahl der von der Hyperkugel überdeckten punktförmigen Beobachtungen zu. Man erhält so eine *unscharfe Gesamtbeobachtung*, die kein unscharfer Punkt mehr ist, aber sehr gut zur Untersuchung von Abhängigkeiten zwischen den Komponenten der Beobachtungen benutzt werden kann. (Wegen eines praktischen Beispiels s. BANDEMER/ROTH (1987).)

Unscharfe Intervalle lassen sich entweder dadurch festlegen, daß von einem scharfen Intervall als Kern aus die Zugehörigkeitsfunktion nach beiden Seiten abklingt, oder, daß die Enden des Intervalls als unscharfe Zahlen spezifiziert werden. Allgemein erhält man *unscharfe Gebiete* in einem $\mathbb{R}^k$, wenn man einem scharfen Gebiet eine unscharfe Übergangszone zuschreibt, in der die Zugehörigkeitsfunktion in einem festgelegten Sinne — i. allg. monoton bis auf Null — abnimmt. Alternativ kann ein unscharfes Gebiet aber auch durch eine begrenzende *unscharfe Hyperfläche* spezifiziert werden, bei der von einer scharfen Hyperfläche als Kern aus die Zugehörigkeitswerte „nach allen Seiten" monoton abnehmen. Allerdings muß dann noch genauer festgelegt werden, wie die Zugehörigkeitswerte zum unscharfen Gebiet durch diejenigen zur unscharfen Hyperfläche bestimmt sein sollen. (Solch eine Beschreibung eines unscharfen Gebietes mittels einer unscharfen Hyperfläche nutzen z. B. BANDEMER/KRAUT (1988) bei einem Problem der Gestaltsbeschreibung.) Deutet man speziell für $\mathscr{X} \subseteq \mathbb{R}^2$ die Werte der Zugehörigkeitsfunktion als Grautöne (z. B. 1 als tiefstes Schwarz, 0 als hellstes Weiß), dann entsprechen unscharfe Mengen *Grautonbildern*, nicht notwendig unscharfen Gebieten im vorstehenden Sinne. Solche Grautonbilder können jedoch als (verallgemeinerte) unscharfe Beobachtungen auftreten, z. B. bei der Durchstrahlung von Schichten endlicher Dicke. Bei der Auswertung solcher Bilder kann die Deutung als unscharfe Menge häufig gute Dienste leisten (s. z. B. BANDEMER/KRAUT (1988); BANDEMER/KRAUT/VOGT (1988)).

Ein weiteres wichtiges Problem für die Anwendung ist die Spezifizierung *unscharfer Relationen*: z. B. „ungefähr gleich", „im wesentlichen kleiner als", u. ä. Solche (zweistelligen) Relationen werden üblicherweise als Mengen von geordneten Paaren aufgefaßt, also Teilmengen des $\mathbb{R}^2$, die Gleichheit „=" also z. B. als die Menge

$$\mathcal{D} = \{(x, y) \in \mathbb{R}^2 \mid x = y\}. \tag{2.49}$$

Diese Menge stellt den Graphen der Geraden $y = x$ im $\mathbb{R}^2$ dar. Beim Übergang zur unscharfen Relation R_0: „ungefähr gleich" werden noch Punkte in der Umgebung dieser Geraden betrachtet, wieder mit abgestufter Zugehörigkeit. Die Festlegung der Zugehörigkeitsfunktion m_{R_0} für diese unscharfe Relation R_0 kann davon ausgehen, was als Abweichung von der scharfen Gleichheit gerade noch toleriert wird. Davon kann beispielsweise eine Abklingordnung für diese Zugehörigkeitsfunktion bestimmt werden, die den Vorstellungen und Notwendigkeiten des praktischen Problems entspricht. Das Ergebnis könnte etwa sein

$$m_{R_0}(x, y) = [1 - a\,|x - y|]^+, \quad a > 0, \tag{2.50}$$

und ein lineares Abklingen mit einem Faktor a darstellen. Es sind jedoch auch Spezifizierungen möglich, die die Differenz im Verhältnis zur absoluten Größe betrachten, z. B.

$$m_{R_0}(x, y) = 1 - b(x - y)^2/(1 + x^2 + y^2), \quad b \in (0, 1), \tag{2.51}$$

oder

$$m_{R_0}(x, y) = \exp\{-c(x - y)^2/(1 + x^2 + y^2)\}, \quad c > 0. \tag{2.52}$$

Für die Relation R_1: „im wesentlichen kleiner als" wird man von der scharfen Relation „$\leqq$" ausgehen, zu der die Menge

$$\{(x, y) \in \mathbb{R}^2 \mid y \leqq x\} \tag{2.53}$$

gehört. Diese Menge ist die Halbebene unter der Geraden $y = x$. Da „im wesentlichen" hier bedeutet, daß geringe Überschreitungen im gewissen Sinne toleriert werden, wird die Halbebene nach oben mit einem „Unschärfesaum" versehen. Das Vorgehen ist somit analog zu dem bei der Spezifizierung der unscharfen Gleichheit R_0. Es kann z. B. gesetzt werden:

$$m_{R_1}(x, y) = \begin{cases} [1 - a\,|x - y|]^+ & \text{für} \quad y > x, \\ 1 & \text{für} \quad y \leqq x. \end{cases} \tag{2.54}$$

Eine andere Deutung der Relation R_1 (wie auch jeder anderen Relation R) erhält man, wenn man die Koordinatenachsen als

Wertebereiche zweier reeller Variabler u, v auffaßt, die in der betrachteten Relation stehen sollen. Diese Deutung wird in Kapitel 3 eine wichtige Rolle spielen.

Wird für eine der Variablen u oder v, die in der Relation R_1 stehen sollen, ein fester Wert, z. B. $v = y_0$, eingesetzt, dann wirkt die Relation R_1 als eine *unscharfe Schranke* S_u für die andere Variable, im Beispiel

$$m_{S_u}(x) := m_{R_1}(x, y_0) = \begin{cases} [1 - a\,|x - y_0|]^+ & \text{für} \quad x < y_0, \\ 1 & \text{für} \quad y_0 \leqq x. \end{cases} \tag{2.55}$$

Hat die andere Variable einen festen Wert, etwa $u = x_0$, dann findet man anlog eine unscharfe Schranke S_v für die Werte von v aus der unscharfen Relation R_1:

$$m_{S_v}(y) := m_{R_1}(x_0, y) = \begin{cases} 1 & \text{für} \quad y \leqq x_0, \\ [1 - a\,|x_0 - y|]^+ & \text{für} \quad x_0 < y. \end{cases} \tag{2.56}$$

Solche unscharfen Analoga mathematischer Objekte werden u. a. in den unscharfen Versionen der mathematischen Optimierung gebraucht (vgl. Abschnitt 3.5).

Funktionen, die Variable miteinander verknüpfen, sind bekanntlich spezielle Relationen. Um den allgemeinen Fall von den folgenden speziellen Spezifizierungen abzuheben, wollen wir unscharfe Analoga von Funktionen allgemein als *unscharfe Abbildungen* bezeichnen.

Sei eine scharfe Funktion $f\colon \mathbb{R} \to \mathbb{R}$ gegeben, dann wird ihr Graph

$$\{(x, y) \in \mathbb{R}^2 \mid y = f(x)\} \tag{2.57}$$

als Kern einer unscharfen Menge F gewählt, bei der die Zugehörigkeitswerte, z. B. mit wachsendem Abstand von diesem Graphen, monoton fallen mögen. Diese unscharfe Menge F stellt eine *unscharfe Funktion* dar. Für *explizite* Funktionen f kann man F als eine Schar (mit Scharparameter x) von unscharfen Zahlen $Y(x)$ ansehen, die jeweils $\{f(x)\}$ als Kern und

$$m_{Y(x)}(y) = m_F(x, y) \tag{2.58}$$

als Zugehörigkeitsfunktionen haben. Die oben in (2.50) betrachtete Zugehörigkeitsfunktion m_{R_0} liefert zugleich ein Beispiel für eine unscharfe Funktion: es ist eine unscharfe Gerade mit dem Kern $\mathcal{D}$ (s. (2.49)).

Bei der Spezifizierung einer unscharfen Funktion aus einer vorgegebenen Menge beobachteter Funktionsverläufe kann man, alternativ zur Spezifizierung von unscharfen Zahlen für jedes $x \in \mathbb{R}$ gelegentlich analog zur morphologischen Bestimmung einer Gesamtbeobachtung aus punktförmigen Ausgangsdaten vorgehen. Für jedes $x \in \mathbb{R}$ ist nun das Strukturelement eine Strecke fester Länge auf der in x errichteten Parallelen zur y-Achse. Die relative Anzahl der von der Strecke geschnittenen Funktionsverläufe (Kurven) kann dem Mittelpunkt der Strecke als Zugehörigkeitswert zugeschrieben werden. Die so erhaltene Treppenfunktion kann erforderlichenfalls noch an einen mathematisch im gegebenen Zusammenhang bequemer handhabbaren Kurventyp angepaßt werden. (Wegen einer Verwendung des Vorschlags für ein praktisches Problem s. Otto/Bandemer (1986).)

Für den Fall einer *impliziten* Funktion f mit dem Graph

$$\{(x, y) \in \mathbb{R}^2 \mid f(x, y) = 0\} \tag{2.59}$$

läßt sich die dafür häufig mögliche anschauliche Deutung als (scharfer) Rand eines Gebietes beim Übergang zu einer unscharfen impliziten Funktion verwenden. Dieser Rand wird dann gewissermaßen mit einem Grautonsaum versehen.

Als Beispiel werde der Kreis

$$\mathcal{K} = \{(x, y) \in \mathbb{R}^2 \mid x^2 + y^2 = r^2\} \tag{2.60}$$

betrachtet. Eine mögliche unscharfe Version K dafür ist charakterisiert durch die Zugehörigkeitsfunktion

$$m_K(x, y) = \exp\{-|x^2 + y^2 - r^2|\}. \tag{2.61}$$

Die bisherige Beschränkung auf den zweidimensionalen Fall bei Relationen und Funktionen ist unwesentlich und diente nur zur Vereinfachung der Darstellung; die Übertragbarkeit auf höherdimensionale Räume, z. B. den $\mathbb{R}^k$, ist offensichtlich.

In vielen Anwendungsproblemen, etwa bei Approximationen und Differentialgleichungen, ist die gesuchte Funktion $f: \mathbb{R}^k \to \mathbb{R}$ nur bis auf einen Parametervektor $\boldsymbol{a} = (a_1, \ldots, a_r)^T$ festgelegt, gehört also zu einer Funktionenschar

$$\big(f(.; \boldsymbol{a})\big)_{\boldsymbol{a} \in \mathcal{A}}; \; \mathcal{A} \subseteq \mathbb{R}^r. \tag{2.62}$$

Lassen sich diese Parameter nur *unscharf* durch eine Zugehörigkeitsfunktion m_A spezifizieren, dann wird aus (2.62) eine *unscharfe Funktionenschar* auf $\mathbb{R}^k \times \mathbb{R}$ mit der unscharfen Menge $A \in \mathfrak{F}(\mathbb{R}^r)$ von Scharparametern. (Man beachte die Analogie zu Problemen mit verteilten Parametern, in denen auf $\mathcal{A}$ eine Zufallsvariable eingeführt wird.)

Der *Unterschied* zu einer unscharfen Funktion auf $\mathbb{R}^k \times \mathbb{R}$ besteht darin, daß jedem Parametervektor $\boldsymbol{a} \in \operatorname{supp}(A)$ eine *scharfe* Funktion über $\mathbb{R}^k \times \mathbb{R}$ entspricht, die den Zugehörigkeitswert $m_A(\boldsymbol{a})$ zur *Schar* hat. Hat man solch eine unscharfe Schar $\big(f(.\,;\boldsymbol{a})\big)$ von Funktionen auf $\mathbb{R}^k \times \mathbb{R}$ mit unscharfer Parametermenge A, dann kann man ihr eindeutig eine unscharfe Abbildung F auf $\mathbb{R}^k$ zuordnen, indem man

$$m_F(\boldsymbol{x}, y) = \sup_{\substack{\boldsymbol{a} \in \operatorname{supp}(A) \\ y = f(\boldsymbol{x};\boldsymbol{a})}} m_A(\boldsymbol{a}) \tag{2.63}$$

setzt. Aus dieser unscharfen Abbildung F kann die ursprüngliche unscharfe Funktionenschar jedoch nicht eindeutig zurückgewonnen werden.

Die Spezifizierung einer unscharfen Menge über dem Parameterraum $\mathcal{A}$ hat formal viel Ähnlichkeit mit der Festlegung einer A-priori-Verteilung bei der Bayesschen statistischen Modellierung eines Problems. Jedoch können die wesentlich geringeren Anforderungen an eine Zugehörigkeitsfunktion gegenüber denen an eine Wahrscheinlichkeitsverteilung das Spezifizierungsproblem inhaltlich und auch formal wesentlich einfacher gestalten.

Von der Betrachtung unscharfer Funktionenscharen ist es nur ein Schritt zur Einführung unscharfer Mengen in Funktionenräumen (Hilbert-Raum, Banach-Raum, u. ä.) und damit zu weiteren unscharfen Analoga unscharfer Begriffe und Methoden, deren Praktikabilität jedoch von Fall zu Fall geprüft werden muß.

Die bisher erläuterten Beispiele für Möglichkeiten zur Spezifizierung unscharfer Mengen verwenden die Kontinuität des euklidischen Raumes nur implizit. Gelingt es, eine endliche Grundmenge als Teilmenge eines euklidischen (oder allgemeiner eines meßbaren linearen) Raumes sinnvoll zu deuten, z. B. als ein Gitter, dann sind alle diese Ansätze, eventuell in geeigneter Modifizierung, noch brauchbar.

Wie die vielfältigen Anwendungen der Theorie unscharfer Mengen gezeigt haben, sind die Wahl des Funktionentyps und die genaue Festlegung der Parameterwerte im allgemeinen nur von geringem Einfluß auf die mit ihnen erzielten Resultate, Entscheidungen und Schlußfolgerungen, solange eine lokale Monotonie erhalten bleibt. Sind m_1 und m_2 zwei *verschiedene* Spezifizierungen, dann bedeutet diese lokale Monotonie, daß

$$\forall\, x_1, x_2 \in \mathcal{X} : m_1(x_2) \leqq m_1(x_1) \Leftrightarrow m_2(x_2) \leqq m_2(x_1)\,. \tag{2.64}$$

Es kommt also letzten Endes auf eine *qualitative* Ordnung der Elemente der Grundmenge an, die von den praktischen Gegebenheiten aus wesentlich leichter zu erhalten ist. Die analytische Fassung folgt sehr häufig den Regeln der mathematischen Bequemlichkeit.

Schließlich sei bereits hier erwähnt (vgl. Abschnitt 4.1), daß sich auch umgangssprachliche Formulierungen als unscharfe Mengen auf passenden Grundmengen erfassen lassen. So kann man „hohe Temperatur" (etwa im Zusammenhang mit Fieber) als unscharfe Menge über der Temperaturskala spezifizieren.

2.3. Operationen mit unscharfen Mengen

Als einfachste Verknüpfungen im Bereich der gewöhnlichen Mengen hat man die Bildung der Vereinigung und des Durchschnittes je zweier Mengen sowie die Bildung des Komplements einer gegebenen Menge bez. einer sie umfassenden. Für Anwendungen, in denen auch Zuordnungen bzw. Funktionen eine Rolle spielen, hat man grundsätzlich die Bildung des kartesischen Produktes. Schließlich ist man gelegentlich gezwungen, in einem Grundbereich erklärte Operationen zwischen den Elementen dieses Bereiches auszudehnen auf Mengen solcher Elemente. Alle diese Verknüpfungen sollen nun auch für unscharfe Mengen eingeführt werden.

Für die elementaren mengenalgebraischen Operationen hat schon Zadeh (1965) entsprechende Verallgemeinerungen für unscharfe Mengen angegeben. Er wählte zunächst für die *Vereinigung* $A \cup B$ unscharfer Mengen A, B die Definition

$$C := A \cup B : m_C(x) =_{\text{def}} \max\,\{m_A(x), m_B(x)\} \quad \text{für alle} \quad x \in \mathcal{X}\,, \tag{2.65}$$

für den *Durchschnitt* $A \cap B$ der unscharfen Mengen

$$D := A \cap B : m_D(x) =_{\text{def}} \min\,\{m_A(x), m_B(x)\} \quad \text{für alle} \quad x \in \mathcal{X}\,, \tag{2.66}$$

und für das *Komplement* $\bar{A}$ einer unscharfen Menge A (hinsichtlich des Grundbereiches $\mathscr{X}$)

$$K := \bar{A} : m_K(x) =_{\text{def}} 1 - m_A(x) \quad \text{für alle} \quad x \in \mathscr{X}. \qquad (2.67)$$

Alle diese Verknüpfungen unscharfer Mengen sind Verallgemeinerungen der entsprechenden Operationen für gewöhnliche Mengen: Sind etwa in (2.66) A, B scharfe Mengen, also stets $m_A(x)$, $m_B(x) \in \{0, 1\}$, so wird auch $A \cap B$ eine scharfe Menge und ist genau der Durchschnitt im gewöhnlichen Sinne für die gewöhnlichen Mengen A, B. Dasselbe gilt für die Vereinigungsbildung (2.65) und die Komplementbildung (2.67). Betrachtet man die α-Schnitte, so ergeben sich als einfache Zusammenhänge zu Vereinigungs- bzw. Durchschnittsbildung gewöhnlicher Mengen die Beziehungen

$$(A \cup B)^{>\alpha} = A^{>\alpha} \cup B^{>\alpha}, \quad (A \cap B)^{>\alpha} = A^{>\alpha} \cap B^{>\alpha}. \qquad (2.68)$$

Außerdem ergibt sich für die Komplementbildung

$$(\bar{A})^{>\alpha} = A^{\leqq 1-\alpha} = \{x \in \mathscr{X} \mid m_A(x) \leqq 1 - \alpha\}. \qquad (2.69)$$

Alle diese Beziehungen gelten sinngemäß auch für die scharfen α-Schnitte. Damit ist eine einfache Möglichkeit gegeben, mengenalgebraische Verknüpfungen unscharfer Mengen auf entsprechende Verknüpfungen für gewöhnliche Mengen zurückzuführen.

Ohne Schwierigkeiten kann man aus diesen Definitionen sofort eine Reihe von einfachen Rechengesetzen herleiten. So ergeben sich für die Vereinigungsbildung u. a. für beliebige unscharfe Mengen A, B, C

$$A \cup B = B \cup A, \qquad \text{(Kommutativität)} \qquad (2.70)$$

$$A \cup (B \cup C) = (A \cup B) \cup C, \qquad \text{(Assoziativität)} \qquad (2.71)$$

$$A \cup A = A, \qquad \text{(Idempotenz)} \qquad (2.72)$$

$$A \subseteqq B \Rightarrow A \cup C \subseteqq B \cup C \qquad \text{(Monotonie)} \qquad (2.73)$$

und die Beziehungen

$$A \cup \emptyset = A, \quad A \cup X = X. \qquad (2.74)$$

Die Rechengesetze (2.70) bis (2.73) gelten ebenso für die Durchschnittsbildung. Anstelle von (2.74) treten dann natürlich

$$A \cap \emptyset = \emptyset, \quad A \cap X = A. \qquad (2.75)$$

Wie bei scharfen Mengen gelten auch für unscharfe Mengen bez. der in (2.65), (2.66) eingeführten Operationen zwei Distributivgesetze:

$$\begin{aligned} A \cup (B \cap C) &= (A \cup B) \cap (A \cup C), \\ A \cap (B \cup C) &= (A \cap B) \cup (A \cap C). \end{aligned} \tag{2.76}$$

Die Komplementbildung ist nach wie vor idempotent: $A = \bar{\bar{A}}$, und sie kehrt die Inklusionsbeziehung um:

$$A \subseteqq B \Leftrightarrow \bar{B} \subseteqq \bar{A}. \tag{2.77}$$

Besonders wichtig ist, daß auch für unscharfe Mengen das Komplement einer Vereinigung bzw. eines Durchschnittes einfach bestimmt werden kann:

$$\overline{A \cup B} = \bar{A} \cap \bar{B}, \tag{2.78}$$

(deMorgansche Gesetze)

$$\overline{A \cap B} = \bar{A} \cup \bar{B}. \tag{2.79}$$

Obwohl wir $\bar{A}$ als Komplement von A bezeichnet haben, fehlen ihm einige Eigenschaften des gewöhnlichen Komplements: Sowohl $A \cup \bar{A} \neq X$ als auch $A \cap \bar{A} \neq \emptyset$ sind möglich! Und zwar ist immer dann $0 \neq m_D(a)$ für $D = A \cap \bar{A}$, wenn $0 \neq m_A(a) \neq 1$ gilt. Es übertragen sich also nicht alle Rechengesetze von den gewöhnlichen auf die unscharfen Mengen.

Gelegentlich muß man die Vereinigung bzw. den Durchschnitt vieler unscharfer Mengen bilden. Dazu erklärt man für Familien $(A_j \mid j \in \mathcal{J})$ unscharfer Mengen (über einer gewöhnlichen Menge $\mathcal{J}$ als Indexmenge) deren *allgemeine Vereinigung* $\bigcup_{j \in \mathcal{J}} A_j$ und deren *allgemeinen Durchschnitt* $\bigcap_{j \in \mathcal{J}} A_j$ durch die Definitionen

$$C := \bigcup_{j \in \mathcal{J}} A_j : m_C(x) =_{\text{def}} \sup_{j \in \mathcal{J}} m_{A_j}(x) \quad \text{für alle} \quad x \in \mathcal{X}, \tag{2.80}$$

$$D := \bigcap_{j \in \mathcal{J}} A_j : m_D(x) =_{\text{def}} \inf_{j \in \mathcal{J}} m_{A_j}(x) \quad \text{für alle} \quad x \in \mathcal{X}, \tag{2.81}$$

die unmittelbare Verallgemeinerungen von (2.65), (2.66) sind. Als wichtige Rechengesetze sollen die folgenden Distributivgesetze erwähnt werden:

$$B \cap \bigcup_{j \in \mathcal{J}} A_j = \bigcup_{j \in \mathcal{J}} (B \cap A_j), \quad B \cup \bigcap_{j \in \mathcal{J}} A_j = \bigcap_{j \in \mathcal{J}} (B \cup A_j), \tag{2.82}$$

und dazu die Monotonieeigenschaften:

$$\bigcap_{j \in \mathcal{J}} A_j \subseteqq A_k \subseteqq \bigcup_{j \in \mathcal{J}} A_j \quad \text{für jedes} \quad k \in \mathcal{J}, \tag{2.83}$$

$$B \subseteqq A_k \quad \text{für alle} \quad k \in \mathcal{J} \Rightarrow B \subseteqq \bigcap_{j \in \mathcal{J}} A_j, \tag{2.84}$$

$$A_k \subseteqq B \quad \text{für alle} \quad k \in \mathcal{J} \Rightarrow \bigcup_{j \in \mathcal{J}} A_j \subseteqq B. \tag{2.85}$$

So einfach und natürlich die durch die Definitionen (2.65), (2.66) erklärten Verallgemeinerungen der gewöhnlichen Vereinigungs- und Durchschnittsbildung auf unscharfe Mengen auch sind – zwingend ist es nicht, diese Definitionen zu wählen. Schon Zadeh (1965) deutet andere Varianten an, betrachtet sie aber noch nicht als Formen von Vereinigungs- und Durchschnittsbildung. Unter einer Vielzahl von Möglichkeiten sind häufig diskutierte Varianten für eine Durchschnittsbildung unscharfer Mengen vor allem das *algebraische Produkt* $A \cdot B$ mit der Definition

$$D := A \cdot B \colon m_D(x) =_{\text{def}} m_A(x)\, m_B(x) \quad \text{für alle} \quad x \in \mathcal{X}, \tag{2.86}$$

das *beschränkte Produkt* $A \boxdot B$ mit der Definition

$$D := A \boxdot B \colon m_D(x) = [m_A(x) + m_B(x) - 1]^+ \quad \text{für alle} \quad x \in \mathcal{X}, \tag{2.87}$$

sowie das *drastische Produkt* $A \circledA B$ mit der Definition

$$D := A \circledA B \colon$$

$$m_D(x) =_{\text{def}} \begin{cases} \min\{m_A(x), m_B(x)\}, & \text{wenn} \quad m_A(x) = 1 \quad \text{oder} \\ & \text{wenn} \quad m_B(x) = 1 \\ 0 & \text{für alle anderen} \quad x \in \mathcal{X}. \end{cases} \tag{2.88}$$

Ist $*$ irgendeine dieser zusätzlichen Durchschnittsbildungen, so ordnet man ihr mittels der Definition

$$A \# B =_{\text{def}} \overline{\overline{A} * \overline{B}}, \tag{2.89}$$

also mittels eines deMorganschen Gesetzes für den jeweiligen Fall, eine ihr entsprechende Vereinigungsbildung zu. So ergeben sich zum algebraischen Produkt die *algebraische Summe* $A \mathbin{\hat{+}} B$

mit der Charakterisierung

$$C := A + B : m_C(x) = m_A(x) + m_B(x) - m_A(x)\, m_B(x) \quad \text{für alle} \quad x \in \mathscr{X}, \tag{2.90}$$

zum beschränkten Produkt die *beschränkte Summe* $A \boxplus B$ mit der Charakterisierung

$$C := A \boxplus B : m_C = \min\{1, m_A(x) + m_B(x)\} \quad \text{für alle} \quad x \in \mathscr{X}, \tag{2.91}$$

und zum drastischen Produkt die *drastische Summe* $A \circledvee B$ mit der Charakterisierung

$$C := A \circledvee B:$$

$$m_C(x) = \begin{cases} \max\{m_A(x), m_B(x)\}, & \text{wenn} \quad m_A(x) = 0 \quad \text{oder} \\ & \text{wenn} \quad m_B(x) = 0, \\ 1 & \text{für alle anderen} \quad x \in \mathscr{X}. \end{cases} \tag{2.92}$$

Alle diese zusätzlichen Durchschnitts- und Vereinigungsbildungen für unscharfe Mengen sind in dem Sinne echte Verallgemeinerungen der gewöhnlichen Durchschnitts- und Vereinigungsbildung, daß sie sich für scharfe Mengen auf jene einfachen Operationen reduzieren. Ihr wesentlicher Unterschied zu den in (2.66), (2.65) erklärten Operationen $\cap$, $\cup$ ist, daß sowohl bei $\cdot$, $\boxast$ und $\circledwedge$ als auch bei $+$, $\boxplus$ und $\circledvee$ die Zugehörigkeitswerte $m_A(x)$, $m_B(x)$ sich in dem Sinne gegenseitig beeinflussen, daß i. allg. weder $m_A(x)$ noch $m_B(x)$ der Zugehörigkeitswert für x im Operationsergebnis ist. Deswegen heißen diese zusätzlichen Durchschnitts- und Vereinigungsbildungen *interaktiv* im Gegensatz zu den *nichtinteraktiven* Verknüpfungen $\cup$, $\cap$, bei denen stets $m_{A \cup B}(x)$, $m_{A \cap B}(x) \in \{m_A(x), m_B(x)\}$ gilt. Diesen interaktiven Verknüpfungen fehlt z. B. die Idempotenzeigenschaft (2.72).

Der Gesichtspunkt der Interaktivität ist es, der mitunter Anlaß gibt, von den häufiger benutzten Operationen $\cup$, $\cap$ zu einer dieser anderen Vereinigungs- bzw. Durchschnittsbildungen überzugehen, die der Problemlage des Anwendungsfalles besser angepaßt ist; vgl. beispielsweise (4.38), (5.36), (5.40), eigentlich aber auch (3.33), (3.34). Überwiegend jedoch arbeitet man mit $\cup$, $\cap$; und auf diese Operationen wollen wir uns im folgenden auch vorzugsweise stützen.

Haben wir bisher verschiedene zusätzliche Varianten zu den Operationen $\cup$, $\cap$ diskutiert und erwähnt, daß die jeweilige Auswahl aus diesen Varianten durch anwendungsspezifische Gesichtspunkte gesteuert werden muß, so bleibt doch das Problem, ob aus theoretischer Sicht gewisse dieser Operationen vor anderen den Vorzug verdienen. Eine partielle Antwort liefert folgendes von BELLMAN/GIERTZ (1973) stammende Resultat.

Satz: *Sind* $\mathbf{\sqcup}$, $\mathbf{\sqcap}$ *eine Vereinigungs- und eine Durchschnittsbildung für unscharfe Mengen, die analog zu* (2.65), (2.66) *mittels zweier binärer Operationen* $\sqcup$, $\sqcap$ *in* [0, 1] *erklärt sind, und verlangt man, daß*

(1) $\sqcup$ *und* $\sqcap$ *kommutative, assoziative und gegenseitig distributive Operationen in* [0, 1] *sind,*

(2) $\sqcup$ *und* $\sqcap$ *stetige und in jeweils beiden Argumenten nichtfallende Funktionen in* [0, 1] *sind,*

(3) $1 \sqcap 1 = 1$ *gilt und* $0 \sqcup 0 = 0$ *sowie für alle* $a, b \in [0, 1]$ *auch* $a \sqcup b \geqq \max\{a, b\}$ *und* $a \sqcap b \leqq \min\{a, b\}$,

(4) *die Funktionen* $a \mapsto a \sqcup a$ *und* $a \mapsto a \sqcap a$ *über* [0, 1] *streng monoton wachsend sind,*

dann gilt $\sqcup = \max$ *und* $\sqcap = \min$, *d. h., es sind* $\mathbf{\sqcup}$, $\mathbf{\sqcap}$ *genau die in* (2.65), (2.66) *definierten Operationen.*

Die Verknüpfungen $\cup$, $\cap$ sind also in gewisser Weise ausgezeichnet. Jedoch ist keineswegs klar, ob alle Voraussetzungen (1), ..., (4) dieses Satzes wirklich berechtigte Forderungen sind. Insbesondere (2) und (4) erscheinen als sehr weitgehende Forderungen, ebenso die Distributivitätsforderung in (1). Hinsichtlich der Komplementbildung gibt es keine von (2.67) verschiedenen Varianten, die weitere Verbreitung gefunden hätten; für theoretisch auch dabei vorhandene Möglichkeiten vgl. etwa LOWEN (1978), DUBOIS/PRADE (1980), WEBER (1983).

Alle bisher betrachteten mengenalgebraischen Verknüpfungen waren Operationen in $\mathfrak{F}(\mathcal{X})$, ergaben also für unscharfe Mengen aus $\mathfrak{F}(\mathcal{X})$ als Resultat stets wieder unscharfe Mengen aus $\mathfrak{F}(\mathcal{X})$. Zu den grundlegenden Verknüpfungen der gewöhnlichen Mengenalgebra gehört aber auch die Bildung des kartesischen Produktes. Ihm entspricht nun ein *unscharfes kartesisches Produkt*, das ausgehend von unscharfen Mengen $A, B \in \mathfrak{F}(\mathcal{X})$ diejenige unscharfe Menge $A \otimes B \in \mathfrak{F}(\mathcal{X} \times \mathcal{X})$ ist, deren Zugehörigkeitsfunktion definiert ist als

$$C := A \otimes B: m_C\big((a, b)\big) =_{\text{def}} \min\{m_A(a), m_B(b)\} \quad \text{für alle} \quad a, b \in \mathcal{X}, \tag{2.93}$$

wobei (a, b) das — gewöhnliche — geordnete Paar von a, b sein soll.

Für Definition (2.93) ist übrigens unwesentlich, daß A, B unscharfe Mengen über demselben Grundbereich sind: ist $A \in \mathfrak{F}(\mathcal{X})$ und $B \in \mathfrak{F}(\mathcal{Y})$, so kann die Zugehörigkeitsfunktion für $A \otimes B$ wie in (2.93) festgelegt werden — nur ist dann $A \otimes B \in \mathfrak{F}(\mathcal{X} \times \mathcal{Y})$. Sofort ergeben sich eine Reihe elementarer Rechengesetze. Für beliebige unscharfe Mengen A, B, C hat man z. B.:

$$A \otimes (B \cup C) = (A \otimes B) \cup (A \otimes C),$$

$$A \otimes (B \cap C) = (A \otimes B) \cap (A \otimes C), \tag{2.94}$$

$$A \otimes (B \otimes C) = (A \otimes B) \otimes C, \tag{2.95}$$

$$A \otimes \emptyset = \emptyset \otimes A = \emptyset \tag{2.96}$$

und die Bedingung

$$A \otimes B = \emptyset \Leftrightarrow A = \emptyset \quad \text{oder} \quad B = \emptyset\,. \tag{2.97}$$

Die Distributivgesetze (2.94) lassen sich auf allgemeine Vereinigung und allgemeinen Durchschnitt ausdehnen und gelten in entsprechender Weise auch bei Vertauschung der „Faktoren" dieser kartesischen Produkte. Wichtig sind schließlich noch die Monotonieeigenschaften

$$A \subseteqq B \Rightarrow A \otimes C \subseteqq B \otimes C \quad \text{und} \quad C \otimes A \subseteqq C \otimes B\,. \tag{2.98}$$

So wie außer der Menge $\mathbb{I} = [0, 1]$ beliebige andere Mengen L als Bereiche der Zugehörigkeitswerte unscharfer Mengen in Frage kamen, so können auch beliebige weitere Verknüpfungen für unscharfe Mengen eingeführt werden, die auf Verknüpfungen in der Menge aller Zugehörigkeitswerte basieren. Normalerweise folgt man dabei dem Prinzip, solche Verknüpfungen „punktweise" für alle $a \in \mathcal{X}$ zu erklären: also den Zugehörigkeitswert $m_C(a)$ bez. des Verknüpfungsergebnisses C der unscharfen Mengen $A_1, \ldots, A_n$ zu erklären mittels der Zugehörigkeitswerte $m_{A_i}(a)$ für alle $i = 1, \ldots, n$.

Dieses Herangehen ergibt sich sofort, wenn man naheliegenderweise $\mathfrak{F}_\mathsf{L}(\mathcal{X})$ als direktes Produkt $\mathfrak{F}_\mathsf{L}(\mathcal{X}) = \prod_{k \in \mathsf{L}} \mathcal{X}$ ansieht. Geht man dann davon aus, in L eine n-stellige Operation $O^n : \mathsf{L}^n \to \mathsf{L}$ zu haben, so ist die ihr im direkten Produkt $\mathfrak{F}_\mathsf{L}(\mathcal{X})$ entsprechende Operation $\hat{O}^n : \mathfrak{F}_\mathsf{L}(\mathcal{X})^n \to \mathfrak{F}_\mathsf{L}(\mathcal{X})$ definiert durch $C = \hat{O}^n(A_1, \ldots, A_n)$ genau dann, wenn

$$m_C(a) = O^n(m_{A_1}(a), \ldots, m_{A_n}(a)) \quad \text{für jedes} \quad a \in \mathcal{X}\,. \tag{2.99}$$

Mit der in (2.37) eingeführten Bezeichnungsweise verallgemeinerter Klassenterme bedeutet dies einfach

$$\hat{O}^n(A_1, \ldots, A_n) = \{x \in \mathcal{X} \parallel O^n(x\varepsilon A_1, \ldots, x\varepsilon A_n)\}, \qquad (2.100)$$

wenn man noch die Operationen O^n in L als logische Verknüpfungen in einer mehrwertigen Logik nimmt, die L als Menge verallgemeinerter Wahrheitwerte hat. Dann ergibt sich unmittelbar, daß alle oben angegebenen Verknüpfungen für unscharfe Mengen so aus Verknüpfungen in $\mathbb{I}$ resultieren: $\cap$ aus der Minimumbildung, $\cup$ aus der Maximumbildung, $\bullet$ aus der Produktbildung usw. Hat man also für die Zugehörigkeitswerte vorgegebene Verknüpfungen — oder auch Relationen —, so kann man diese nach algebraischen Standardverfahren auf unscharfe Mengen übertragen.

Weitergehend gewinnt man aus dieser Betrachtung auch Rechengesetze für die gemäß (2.99), (2.100) erklärten Operationen in $\mathfrak{F}_{\mathsf{L}}(\mathcal{X})$, weil ganze Klassen von Aussagen ihre Gültigkeit in L vererben auf geeignete direkte Produkte. Der Einfachheit halber soll das wesentlichste derartige Resultat nur für binäre Verknüpfungen in L formuliert werden.

Es mögen $*_1, \ldots, *_m$ (Symbole für) binäre Operationen in L sein. Die Kleinbuchstaben $a, b, c, \ldots$ seien Variable für Elemente aus L. In bekannter Weise lassen sich dann *Terme* bilden, die Verknüpfungsergebnisse und also wieder Elemente von L bezeichnen. Solche Terme sind etwa: $a *_1 b, c *_2 c, b, (a *_1 c) *_2 a, \ldots$ Aus Termen T_1, T_2 werden *Termgleichungen* $T_1 = T_2$ und *Termungleichheiten* $T_1 \neq T_2$ gebildet. Alternative Verknüpfungen von *einer* Termgleichung und endlich vielen Termungleichheiten heißen *elementare Horn-Ausdrücke* bez. L; diese elementaren Horn-Ausdrücke und deren Verknüpfungen mittels Konjunktion und den auf L bezogenen Quantoren „es gibt ein“ und „für alle“ sind die Horn-Ausdrücke bez. L. Horn-Ausdrücke bez. L formulieren also Rechengesetze für Operationen in L und Recheneigenschaften. Beispielsweise sind durch Horn-Ausdrücke formulierbar: die Kommutativität von $*_1$, die Assoziativität von $*_3$, die Distributivität von $*_1$ bez. $*_2$ usw. Ersetzt man in einem Horn-Ausdruck H bez. L die (Symbole der) Operationen $*_1, \ldots, *_m$ durch die (Symbole der) ihnen gemäß (2.99), (2.100) entsprechenden Operationen $\hat{*}_1, \ldots, \hat{*}_m$ in $\mathfrak{F}_{\mathsf{L}}(\mathcal{X})$ und die Variablen für Elemente aus L durch — ihnen zugeordnete — Variablen für Elemente aus $\mathfrak{F}_{\mathsf{L}}(\mathcal{X})$, so entsteht ein Horn-Ausdruck $\hat{H}$ bez. $\mathfrak{F}_{\mathsf{L}}(\mathcal{X})$. Dann hat man folgendes allgemeine

Übertragungsprinzip: *Ist ein Horn-Ausdruck H bez. L in der Struktur L der Zugehörigkeitswerte gültig, so ist der zugeordnete Horn-Ausdruck $\hat{H}$ bez. $\mathfrak{F}_{\mathsf{L}}(\mathcal{X})$ in der Struktur der unscharfen Mengen $\mathfrak{F}_{\mathsf{L}}(\mathcal{X})$ gültig.*

Alle oben in (2.70) bis (2.79) formulierten Rechengesetze für unscharfe Mengen ergeben sich so aus Rechengesetzen in $[0, 1]$. Eine wichtige allgemeine Frage betrifft die Wahl von Verknüpfungen in L, also die Struktur von L, die allgemein vorausgesetzt werden sollte. Hier gibt es keine zwingenden Resultate. Üblicherweise geht man davon aus, daß L wenigstens ein distributiver Verband mit Null- und Einselement sein sollte;

außerdem setzt man Vollständigkeit und endliche Distributivität immer dann zusätzlich voraus, wenn man verallgemeinerte Mengenoperationen entsprechend (2.80), (2.81) betrachten will. Vor allem aber scheint es angebracht, neben der idempotenten Bildung des Verbandsdurchschnittes noch ein (evtl.) nicht idempotentes weiteres „Produkt" $\#$ zu betrachten, von dem man meist voraussetzt, daß es kommutativ und assoziativ ist, das Verbandseinselement als neutrales Element hat und bez. der Verbandshalbordnung $\leqq$ monoton wachsend ist. Im Falle $\mathsf{L} = [0, 1]$ sind diese „Produkte" genau die *t-Normen* von SCHWEIZER/SKLAR (1960), (1961), d. h. die kommutativen, assoziativen und monotonen Operationen in [0, 1], die 1 als neutrales Element und 0 als Nullelement nehmen. Günstig ist es, außerdem noch eine auf $\#$ bezogene relative Pseudokomplementbildung, eine sog. Residuenbildung $\rightarrowtail$ zu betrachten, die bez. $\leqq$ im 2. Argument monoton wachsend und im 1. Argument monoton fallend ist und als charakteristische Bedingung erfüllt: $(a \# b) \leqq c$ genau dann, wenn $a \leqq (b \rightarrowtail c)$. Damit wird L zu einem sog. Residualverband.

In Abhängigkeit von den jeweils betrachteten Anwendungen sind diese strukturellen Annahmen hinsichtlich L aber weitgehend beliebig modifizierbar.

Unsere bisherigen Betrachtungen waren der Verallgemeinerung solcher Verknüpfungen auf unscharfe Mengen gewidmet, die man entsprechend auch für gewöhnliche Mengen kennt und oft benötigt. Nun wollen wir einen anderen Gesichtspunkt betrachten. Wir gehen von der Vorstellung aus, daß im Grundbereich $\mathcal{X}$ eine Verknüpfung, d. h. allgemeiner eine n-stellige Funktion $g: \mathcal{X}^n \rightarrow \mathcal{X}$ gegeben sei, die Werten $a_1, \ldots, a_n$ von Variablen $u_1, \ldots, u_n$ einen Wert b einer Variablen v zuordnet.

Wir stellen uns auf den Standpunkt, daß die Werte der Variablen $u_1, \ldots, u_n$ nur unscharf bekannt sind. Wie ist dann Werten $A_1, \ldots, A_n \in \mathfrak{F}(\mathcal{X})$ der Variablen $u_1, \ldots, u_n$ ein Wert $B \in \mathfrak{F}(\mathcal{X})$ für die Variable v zuzuordnen? Natürlicherweise sollten die möglichen genauen Werte von v, also alle Elemente von supp (B), sich mittels der Funktion g aus den möglichen genauen Werten aller Variablen u_i, also aus den Elementen aller Mengen supp (A) ergeben. Außerdem sollten die Zugehörigkeitswerte $m_{A_i}(a_i)$, $i = 1, \ldots, n$, den Zugehörigkeitswert $m_B\big(g(a_1, \ldots, a_n)\big)$ bestimmen. Es muß also die Funktion $g: \mathcal{X}^n \rightarrow \mathcal{X}$ zu einer Funktion $\hat{g}: \mathfrak{F}(\mathcal{X})^n \rightarrow \mathfrak{F}(\mathcal{X})$ erweitert werden. Dieser Übergang von g zu $\hat{g}$ geschieht in einer von ZADEH (1975) vorgeschlagenen und als *Erweiterungsprinzip* bezeichneten Weise.

Erweiterungsprinzip: *Eine Funktion* $g: \mathcal{X}^n \rightarrow \mathcal{Y}$ *werde dadurch zu einer Funktion* $\hat{g}: \mathfrak{F}(\mathcal{X})^n \rightarrow \mathfrak{F}(\mathcal{Y})$ *erweitert, daß für alle*

$A_1, \ldots, A_n \in \mathfrak{F}(\mathcal{X})$ *gesetzt wird:*

$$B := \hat{g}(A_1, \ldots, A_n):$$

$$m_B(y) =_{\text{def}} \sup_{\substack{x_1,\ldots,x_n \in \mathcal{X} \\ y = g(x_1,\ldots,x_n)}} \min \{m_{A_1}(x_1), \ldots, m_{A_n}(x_n)\} \qquad (2.101)$$

für alle $y \in \mathcal{Y}$.

(Hier wie überall sonst ist Null das Supremum über die leere Menge.)

Man kann (2.101) auch „schnittweise" betrachten: Es gilt für jedes $\alpha \in [0, 1]$:

$$B^{>\alpha} = g(A_1^{>\alpha}, \ldots, A_n^{>\alpha}); \qquad (2.102)$$

wird für jedes $y \in \mathcal{Y}$ das in (2.101) auftretende Supremum angenommen, so gilt (2.102) sogar entsprechend für die scharfen α-Schnitte. Dazu muß in (2.102) allerdings die Funktion g auf gewöhnliche Mengen angewendet werden: Dies geschieht wie üblich dadurch, daß man als Funktionswert die Menge aller $g(a_1, \ldots, a_n)$ für $a_i \in A_i^{>\alpha}$ nimmt.

Die Termschreibweise (2.37) gestattet auch hier wieder eine wesentlich einfachere Darstellung. (2.101) kann geschrieben werden als

$$\hat{g}(A_1, \ldots, A_n) = \{g(a_1, \ldots, a_n) \parallel a_1 \varepsilon A_1 \wedge \ldots \wedge a_n \varepsilon A_n\}, \qquad (2.103)$$

was als sofort verständliche Kurzform für

$$\hat{g}(A_1, \ldots, A_n) = \{y \in \mathcal{Y} \parallel \exists a_1 \ldots \exists a_n (a_1 \varepsilon A_1 \wedge \ldots \wedge a_n \varepsilon A_n \wedge y \doteq g(a_1, \ldots, a_n))\} \qquad (2.104)$$

zu betrachten ist. In diesen Formeln ist $\wedge$ diejenige mehrwertige Konjunktion, der die Minimumbildung der verallgemeinerten Wahrheitswerte als Wahrheitswertfunktion entspricht, $\exists$ die als Supremumbildung zu verstehende mehrwertige Partikularisierung und $\doteq$ eine mehrwertige Identitätsbeziehung, für deren Wahrheitswerte gilt

$$[\![a \doteq b]\!] =_{\text{def}} \begin{cases} 1, & \text{wenn } a = b, \\ 0 & \text{sonst.} \end{cases} \qquad (2.105)$$

Damit ist offensichtlich, daß das Erweiterungsprinzip (2.101) eine direkte Verallgemeinerung der Hausdorffschen Art ist, Mengenoperationen aus Operationen zwischen den Elementen zu definieren.

2.4. Unscharfe Zahlen und ihre Arithmetik

Im Abschnitt 2.2 wurden unscharfe (reelle) Zahlen anschaulich eingeführt als ungenau gegebene oder ungenau bestimmte Zahlen. In diesem Abschnitt wollen wir sie mathematisch definieren und Eigenschaften und Rechengesetze vorstellen. Damit die unscharfe Zahl mit unseren Vorstellungen übereinstimmt, sollte ihre Zugehörigkeitsfunktion keine Nebenmaxima haben, sie muß konvex sein.

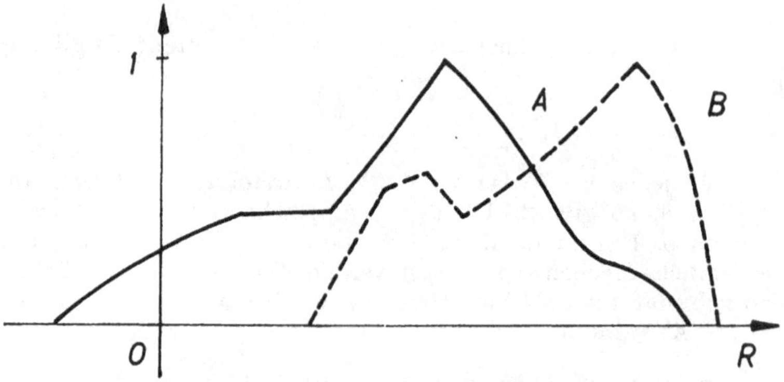

Abb. 4

Man nennt eine *unscharfe Menge* $A \in \mathfrak{F}(\mathbb{R})$ *konvex*, falls alle ihre (scharfen) α-Schnitte Intervalle, also selbst wieder konvexe Mengen sind. Gleichwertig damit ist, daß für beliebige $a, b, c \in \mathbb{R}$ gilt

$$a \leqq c \leqq b \Rightarrow m_A(c) \geqq \min\{m_A(a), m_A(b)\}. \qquad (2.106)$$

Den charakteristischen Unterschied zwischen einer konvexen und einer nicht konvexen unscharfen Teilmenge von $\mathbb{R}$ zeigt Abb. 4, bei der A eine konvexe unscharfe Menge ist, B aber nicht.

Eine unscharfe Menge $A \in \mathfrak{F}(\mathbb{R})$ nennen wir *unscharfe (reelle) Zahl*, falls A konvex ist und es genau eine reelle Zahl a gibt, für die $m_A(a) = 1$ gilt; ist A nur konvex und normalisiert, so heißt A *unscharfes Intervall*. Insbesondere ist jede unscharfe Zahl ein unscharfes Intervall.

Für unscharfe Intervalle A ist der Kern ein Intervall. Die unscharfen Zahlen und Intervalle verallgemeinern daher die Ansätze der Intervallarithmetik, die aus der traditionellen Fehlerrechnung hervorgegangen ist, durch den Gedanken, statt mit fehlerbehafteten reellen Zahlen gleich mit den durch die Fehlerschranken gegebenen Intervallen zu operieren. Kernpunkt dieses weiteren Übergangs zu unscharfen Zahlen und Intervallen ist die Idee, daß auch bei den gewöhnlichen Intervallen die Intervallendpunkte „scharf" gegeben sein müssen — daß bei unscharfen Zahlen und Intervallen gerade diese Festlegung aber auch „abgestuft" erfolgen kann. (Für die gewöhnliche Intervallarithmetik sei auf Moore (1966), (1979) und auf Kalmykov/Šokin/Juldašev (1986) verwiesen.)

Um mit unscharfen Zahlen und Intervallen rechnen zu können, müssen zunächst die Grundrechenarten dafür erklärt werden. Dabei wenden wir das Erweiterungsprinzip (2.101) an. Damit wird die *Summe* S $:= A \oplus B$ zweier unscharfer Zahlen bzw. Intervalle festgelegt durch die Zugehörigkeitsfunktion

$$m_S(a) = \sup_{x \in \mathbb{R}} \min \{m_A(x), m_B(a - x)\} \quad \text{für alle} \quad a \in \mathbb{R}. \tag{2.107}$$

Für die *Differenz* $D := A \ominus B$ erklärt man entsprechend

$$m_D(a) = \sup_{x \in \mathbb{R}} \min \{m_A(x), m_B(x - a)\} \quad \text{für alle} \quad a \in \mathbb{R} \tag{2.108}$$

und ebenso für das *Produkt* $P := A \odot B$

$$m_P(a) = \sup_{\substack{x, y \in \mathbb{R} \\ a = xy}} \min \{m_A(x), m_B(y)\} \quad \text{für alle} \quad a \in \mathbb{R}. \tag{2.109}$$

Diese Festlegungen ergeben als Resultate stets unscharfe Intervalle, falls A, B unscharfe Intervalle sind — und unscharfe Zahlen, falls A, B unscharfe Zahlen sind.

Auch das *Negative* $N := {}^{-}A$ eine sunscharfen Intervalls erklärt man nach diesem Muster durch

$$m_N(a) = m_A(-a) \quad \text{für jedes} \quad a \in \mathbb{R}. \tag{2.110}$$

Vorsicht ist jedoch geboten bei der Definition des Quotienten.

Man erklärt zunächst im Falle $0 \notin \operatorname{supp}(B)$ den *Kehrwert* $K := B^{-1}$ eines unscharfen Intervalls durch

$$m_K(a) = \begin{cases} m_B(1/a) & \text{für alle} \quad a \in \operatorname{supp}(B), \\ 0 & \text{sonst} \end{cases} \tag{2.111}$$

und damit, wieder im Falle $0 \notin \operatorname{supp}(B)$, den *Quotienten* $A \oslash B =_{\text{def}} A \odot B^{-1}$ mit der Zugehörigkeitsfunktion ($Q := A \oslash B$)

$$m_Q(a) = \sup_{\substack{x,y \in \mathbb{R} \\ a = x/y}} \min \{m_A(x), m_B(y)\} \quad \text{für alle} \quad a \in \mathbb{R}. \quad (2.112)$$

Setzt man $0 \notin \operatorname{supp}(B)$ nicht voraus, dann braucht $A \oslash B$ für unscharfe Zahlen A, B kein unscharfes Intervall mehr zu sein. Diese Rechenoperationen für unscharfe Zahlen und Intervalle umfassen die gewöhnlichen Rechenoperationen für reelle Zahlen und auch die Rechenoperationen der Intervallarithmetik. Viele der für die Grundrechenarten bei reellen Zahlen bekannten Rechengesetze übertragen sich auf diese neuen Rechenoperationen (2.107) bis (2.112), jedoch nicht alle. Es gelten für Addition und Multiplikation unscharfer Intervalle wieder das *Kommutativ-* und das *Assoziativgesetz:* es darf also ausgeklammert werden und die Operanden können vertauscht werden. Das *Distributivgesetz* gilt nicht in jedem Falle; wenn aber z. B. sowohl $0 \notin \operatorname{supp}(A)$ als auch $0 \notin \operatorname{supp}(B \oplus C)$ ist, so hat man doch für solche unscharfen Intervalle $A, B, C \in \mathfrak{F}(\mathbb{R})$

$$A \odot (B \oplus C) = (A \odot B) \oplus (A \odot C). \quad (2.113)$$

In jedem Falle gilt aber die — an Stelle einer Ungleichung tretende — Inklusionsbeziehung

$$A \odot (B \oplus C) \subseteqq (A \odot B) \oplus (A \odot C). \quad (2.114)$$

Zu beachten ist, daß ^-A nicht mehr das additive Inverse von A zu sein braucht, denn i. allg. ergibt sich $A \oplus {}^-A \neq 0$ (mit $m_0(x) = 1$ für $x = 0$, $m_0(x) = 0$ für $x \neq 0$), wobei jedoch 0 die einzige unscharfe Zahl G ist, für die $A \oplus G = A$ für alle unscharfen Zahlen A gilt.

Betrachten wir als Beispiel die in Abb. 5 angegebenen unscharfen Zahlen A_0, B_0. Dann ergeben sich $A_0 \oplus B_0$, $A_0 \oplus A_0$ und $^-A_0$ wie in Abb. 5 dargestellt. Abb. 6 zeigt die unscharfen Zahlen $A_0 \oplus {}^-A_0$ sowie $(A_0 \oplus B_0) \ominus A_0$. Neben $A_0 \oplus {}^-A_0 \neq 0$ findet man auch $(A_0 \oplus B_0) \ominus A_0 \neq B_0$. Versucht man schließlich noch, die Gleichungen

$$A_0 \oplus X = B_0 \quad \text{und} \quad B_0 \oplus Y = A_0 \quad (2.115)$$

für die in Abb. 5 angegebenen unscharfen Zahlen A_0, B_0 zu lösen, so stellt man fest, daß die unscharfe Zahl C_0 aus Abb. 6 Lösung der Gleichung $A_0 \oplus X = B_0$ ist, daß die Gleichung $B_0 \oplus Y = A_0$ aber keine Lösung hat. Wäre nämlich $B_0 \oplus Y = A_0$ für eine unscharfe Zahl Y, so müßte z. B. $m_Y(-2) = 1$ sein und also $m_{B_0 \oplus Y}(0) \geqq 1/2$ im Widerspruch zu $m_{A_0}(0) = 0$.

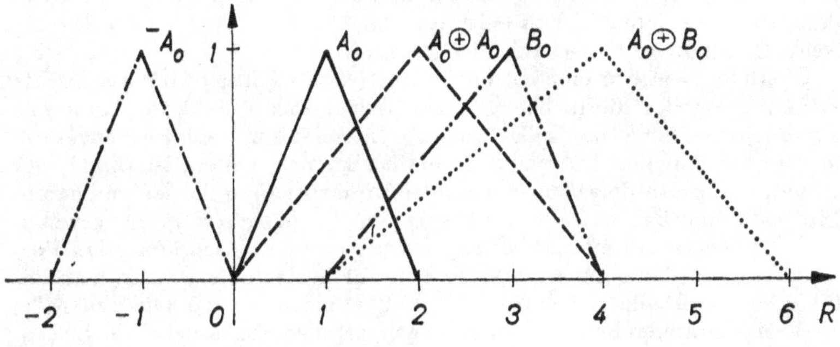

Abb. 5

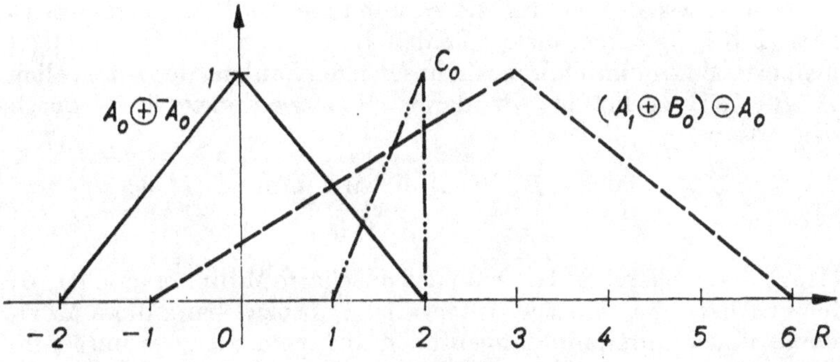

Abb. 6

Die Unlösbarkeit dieser Gleichung $B_0 \oplus Y = A_0$ kann man auch daraus folgern, daß in der gewöhnlichen Intervallarithmetik die Gleichung

$$[1, 4] + x = [0, 2]$$

keine Lösung hat. Diese Gleichung ist aber bez. unseres Beispiels gerade die Gleichung

$$\text{supp}\,(B_0) + x = \text{supp}\,(A_0).$$

Daß diese Problemreduktion auf die gewöhnliche Intervallarithmetik möglich ist, ergibt sich aus der Tatsache, daß ganz allgemein aus den

Definitionen (2.107) bis (2.112) folgt, daß für die α-Schnitte

$$({}^{-}A)^{>\alpha} = \{-a \mid a \in A^{>\alpha}\}, \tag{2.116}$$

$$(A \circledast B)^{>\alpha} = \{a * b \mid a \in A^{>\alpha} \text{ und } b \in B^{>\alpha}\} \tag{2.117}$$

gilt, wenn $\circledast$ irgendeine der Verknüpfungen $\oplus$, $\ominus$, $\odot$, $\oslash$ ist. Insbesondere ist also jeder der α-Schnitte $({}^{-}A)^{>\alpha}$, $(A \odot B)^{>\alpha}$ ein Intervall, wenn A, B konvexe unscharfe Mengen sind.

Überhaupt erlaubt eine solche „schnittweise" Betrachtung die direkte Rückführung der Betrachtungen zur Arithmetik unscharfer Intervalle auf die gewöhnliche Intervallarithmetik. Immer dann, wenn Rechengesetze in der gewöhnlichen Intervallarithmetik allgemein gelten, ist (2.117) der Grund, daß sie in derselben Form auch in der Arithmetik der unscharfen Intervalle und Zahlen gelten; gilt solch ein Rechengesetz in der gewöhnlichen Intervallarithmetik aber nur unter gewissen einschränkenden Voraussetzungen, dann „überträgt" es sich auf unseren Fall, wenn man dafür sorgt, daß alle α-Schnitte der auftretenden Operanden aus $\mathfrak{F}(\mathbb{R})$ diese einschränkenden Voraussetzungen erfüllen. So ergeben sich z. B. (2.113), (2.114) aus Ergebnissen der gewöhnlichen Intervallarithmetik.

Als weiteres Beispiel für die Anwendung des Erweiterungsprinzips (2.101) bei unscharfen Zahlen betrachten wir die verallgemeinerte Maximumbildung. Zu unscharfen Zahlen oder Intervallen A, $B \in \mathfrak{F}(\mathbb{R})$ erklären wir deren *Maximum* $\mathsf{max}\,(A, B)$ durch den Ansatz

$$C := \mathsf{max}\,(A, B)\colon m_C(z) = \sup_{\substack{x,y \in \mathbb{R} \\ z = \max\{x,y\}}} \min\,\{m_A(x), m_B(y)\}\,. \tag{2.118}$$

Ganz entsprechend erklärt man das unscharfe Minimum $\mathsf{min}\,(A, B)$ für unscharfe Zahlen bzw. Intervalle A, B bzw. kann diese Maximum- und Minimumbildungen auch auf mehr als zwei unscharfe Intervalle beziehen. Die Abb. 7 zeigt, wie man die Zugehörigkeitsfunktion für $\mathsf{max}\,(A, B)$ aus den Zugehörigkeitsfunktionen m_A, m_B geometrisch einfach bestimmen kann. Beachtet man, daß $z = \max\,\{x, y\}$ gilt, falls $z = x \geqq y$ oder $z = y \geqq x$ ist, dann findet man statt (2.118)

$$\begin{aligned} m_C(z) &= \max\left\{\sup_{y \leqq z} \min\,\{m_A(z), m_B(y)\},\ \sup_{x \leqq z} \min\,\{m_A(x), m_B(z)\}\right\} \\ &= \max\left\{\min\left\{m_A(z), \sup_{y \leqq z} m_B(y)\right\},\ \min\left\{\sup_{x \leqq z} m_A(x), m_B(z)\right\}\right\}. \end{aligned} \tag{2.119}$$

Daraus läßt sich leicht erkennen, daß max (A, B) in Abb. 7 korrekt angegeben ist. Zugleich ist (2.119) besser als (2.118) zur Berechnung von max (A, B) geeignet.

Während es bei den bisher betrachteten „linearen" Verknüpfungen $\oplus$ und $\ominus$ bei unseren als Beispiel gewählten (und auch bei

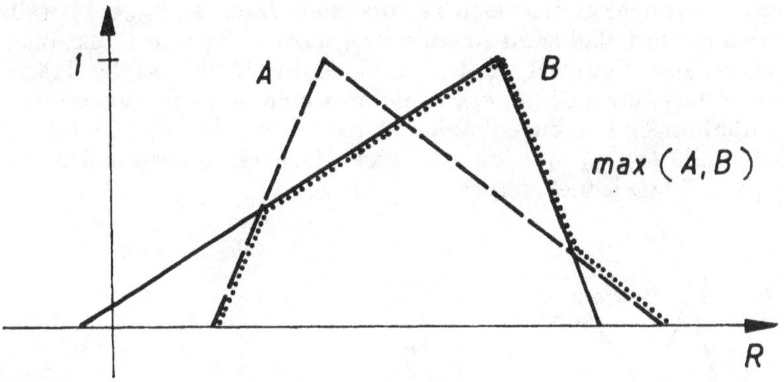

Abb. 7

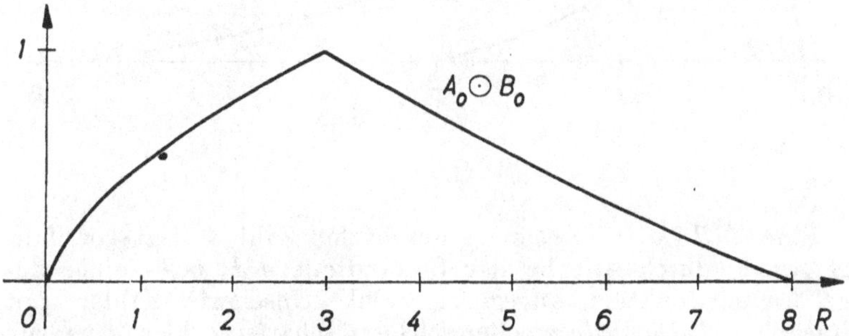

Abb. 8

beliebigen anderen) unscharfen Zahlen A_0, B_0 etwa zur Berechnung von $A_0 \oplus B_0$ oder von $A_0 \ominus B_0$ ausreichte, nur die Kerne und die Träger von $A_0 \oplus B_0$ und $A_0 \ominus B_0$ zu bestimmen, um die entsprechenden Zugehörigkeitsfunktionen zeichnen zu können, ist die Bestimmung von max (A_0, B_0), vor allem aber von $A_0 \odot B_0$ und $A_0 \oslash B_0$ nicht so einfach. Die Abb. 8 und 9 zeigen die Zugehörigkeitsfunktionen für das Produkt und für zwei Quotienten.

Für numerisches Rechnen mit unscharfen Zahlen — und analog auch mit unscharfen Intervallen — kann es vorteilhaft sein, die zugelassenen unscharfen Zahlen noch weiter einzuschränken: etwa dadurch, daß für jede zu benutzende unscharfe Zahl $A \in \mathfrak{F}(\mathbb{R})$, für die $m_A(a_0) = 1$ gelten möge, sowohl vom monoton wachsenden Teil der Zugehörigkeitsfunktion m_A über dem Intervall $(-\infty, a_0)$ als auch von ihrem fallenden Teil über dem Intervall (a_0, ∞) jeweils verlangt wird, daß er zu einem vorgegebenen Typ von Funktionen gehört, etwa linear ist wie bei A_0, B_0 und in (2.39). Ist der Träger von A das Intervall (a_1, a_2), so interessieren de facto nur die Einschränkungen der Zugehörigkeitsfunktion $m_A \colon \mathbb{R} \to [0, 1]$ auf die Intervalle (a_1, a_0) und (a_0, a_2). Diese Einschränkungen sollen mit $m_A{}^{\mathrm{L}}$, $m_A{}^{\mathrm{R}}$ bezeichnet werden.

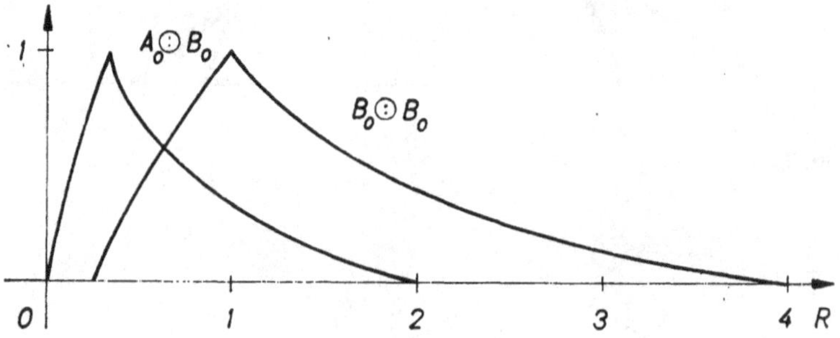

Abb. 9

Eine *L/R-Darstellung* einer unscharfen Zahl A liegt vor, falls A gerade durch Angabe der Bestandteile $m_A{}^{\mathrm{L}}$, $m_A{}^{\mathrm{R}}$ seiner Zugehörigkeitsfunktion angegeben wird. Unscharfe Zahlen mit *linearer L/R-Darstellung* sollen solche unscharfen Zahlen A heißen, für die die Einschränkungen $m_A{}^{\mathrm{L}}$, $m_A{}^{\mathrm{R}}$ lineare Funktionen sind. Für derartige unscharfe Zahlen mit linearer L/R-Darstellung genügt die Kenntnis der reellen Zahlen a_0, a_1, a_2 mit $m_A(a_0) = 1$ und $\operatorname{supp}(A) = (a_1, a_2)$; schon allein aus ihnen lassen sich Summe, Differenz und Negatives unscharfer Zahlen mit linearer L/R-Darstellung bestimmen. Wir schreiben zur Abkürzung

$$A = \langle a_0; a_1, a_2 \rangle \quad \text{genau dann, wenn} \quad m_A(a_0) = 1$$
$$\text{und } \operatorname{supp}(A) = (a_1, a_2). \qquad (2.120)$$

Betrachten wir nun unscharfe Zahlen $A = \langle a_0; a_1, a_2\rangle$, $B = \langle b_0; b_1, b_2\rangle$ mit linearen L/R-Darstellungen, so ergibt sich

$$A \oplus B = \langle a_0 + b_0; a_1 + b_1, a_2 + b_2\rangle, \tag{2.121}$$

$$A \ominus B = \langle a_0 - b_0; a_1 - b_2, a_2 - b_1\rangle, \tag{2.122}$$

$$^{-}A = \langle -a_0; -a_2, -a_1\rangle. \tag{2.123}$$

Produkt und Quotient unscharfer Zahlen mit linearer L/R-Darstellung sind i. allg. keine unscharfen Zahlen mit linearer L/R-Darstellung mehr.

Will man das Rechnen mit unscharfen Zahlen besonders einfach gestalten, so wäre eine generelle Einschränkung etwa auf unscharfe Zahlen mit linearer L/R-Darstellung sehr vorteilhaft. Zu diesem Zweck könnte man als Näherungsformeln für Produkt und Quotient benutzen

$$A \odot B \approx \langle a_0 b_0; a_1 b_1, a_2 b_2\rangle \quad \text{bei} \quad a_1, b_1 \geqq 0, \tag{2.124}$$

$$A \oslash B \approx \langle a_0/b_0; a_1/b_2, a_2/b_1\rangle \quad \text{bei} \quad a_1 \geqq 0, b_1 > 0, \tag{2.125}$$

und damit alle Produkte und Quotienten unscharfer Zahlen A, B mit linearer L/R-Darstellung und $0 \notin \operatorname{supp}(A)$, $0 \notin \operatorname{supp}(B)$ näherungsweise bestimmen. Für $0 \in \operatorname{supp}(A)$ und im Falle des Produktes auch für $0 \in \operatorname{supp}(B)$ findet man ähnliche Näherungsformeln, z. B. in Dubois/Prade (1978), Kacprzyk (1986). Man kann natürlich statt der bisher betrachteten unscharfen Zahlen A mit linearer L/R-Darstellung auch andere Funktionentypen für m_A^{L}, m_A^{R} zulassen, wobei sogar m_A^{L} und m_A^{R} von ganz unterschiedlichem Funktionentyp sein können — etwa m_A^{L} linear und m_A^{R} eine Exponentialfunktion. Einem Ansatz von Dubois/Prade (1978) folgend nehmen wir ganz allgemein für die Funktionen m_A^{L}, m_A^{R} an, daß sie durch Hilfsfunktionen $L, R: \mathbb{R} \to [0, 1]$ bestimmt sind. Von diesen Hilfsfunktionen wird gefordert, daß

(1) $L(0) = R(0) = 1$ ist und
(2) beide Funktionen monoton fallend sind für positive Argumente.

Dann kann man mit Parametern $a_0 \in \mathbb{R}$ und q, $p > 0$ die Funktionen m_A^{L}, m_A^{R} einführen als:

$$m_A^{\mathrm{L}}(x) = L\big((a_0 - x)/q\big) \quad \text{für alle} \quad x \leqq a_0, \tag{2.126}$$

$$m_A^{\mathrm{R}}(x) = R\big((x - a_0)/p\big) \quad \text{für alle} \quad x \geqq a_0. \tag{2.127}$$

Die in (2.120) für lineare L/R-Darstellungen eingeführte abkürzende Bezeichnungsweise kann man sinngemäß auf den jetzt betrachteten allgemeineren Fall übertragen: waren in (2.120) das „Zentrum“ a_0 und der Träger (a_1, a_2) die wesentlichen Kenngrößen, so werden es nun bei vorgegebenen Hilfsfunktionen L, R die Parameter q, p zusammen mit dem „Zentrum“ a_0 sein. Daher schreibt man

$$A = \langle a_0; q, p\rangle_{L/R} \quad \text{genau dann, wenn} \tag{2.128}$$
$$m_A^{\mathrm{L}}(x) = L\big((a_0 - x)/q\big) \quad \text{und} \quad m_A^{\mathrm{R}}(x) = R\big((x - a_0)/p\big).$$

Daß man hier nicht wie in obigen linearen L/R-Darstellungen die Trägergrenzen a_1, a_2 als Parameter wählt, ist dadurch begründet, daß $L(x) = R(x) = \exp(-x)$ eine (1), (2) genügende Festlegung ist, bei der sich ein unbeschränkter Träger supp (A) ergibt.

Sind L, R lineare Funktionen $L(x) = 1 - bx$ und $R(x) = 1 - cx$, dann ergeben sich als Beziehungen zwischen den Parameterpaaren a_1, a_2 und q, p:

$$q = b(a_0 - a_1), \qquad p = c(a_2 - a_0); \tag{2.129}$$

die Darstellungen (2.120) und (2.128) sind also leicht ineinander umzurechnen.

Der Vorteil der Abkürzung (2.128) ist wieder, daß damit wie in (2.121) bis (2.125) einfache Berechnungsformeln für Summen, Differenzen, Produkte und Quotienten angegeben werden können. Ausgehend von den Darstellungen

$$A = \langle a; q, p\rangle_{L/R}, \quad B = \langle b; q', p'\rangle_{L/R} \tag{2.130}$$

ergeben sich sofort

$$A \oplus B = \langle a + b; q + q', p + p'\rangle_{L/R}, \tag{2.131}$$

$$^-A = \langle -a; p, q\rangle_{R/L}, \tag{2.132}$$

woraus auch $A \ominus B = A \oplus {}^-B$ bestimmt werden kann. Man muß aber beachten, daß in (2.132) die linken und die rechten Darstellungsfunktionen L, R ihre Rolle vertauscht haben! Deswegen erhält man nur für $L = R$ eine einfache L/R-Darstellung von $A \ominus B$ aus (2.131), (2.132).

Als praktisch brauchbare und einfach zu berechnende Näherungsdarstellung in L/R-Form geben Dubois/Prade (1978), (1980) für das Produkt z. B. unter der Voraussetzung $0 \notin \text{supp}(A)$ und $0 \notin \text{supp}(B)$

$$A \odot B \approx \langle ab; aq' + bq, ap' + bp \rangle_{L/R} \quad \text{für} \quad a, b > 0 \tag{2.133}$$

im Falle, daß p und p' klein sind relativ zu a bzw. b; im Falle, daß p und p' nicht klein sind relativ zu a bzw. b, geben sie dagegen

$$A \odot B \approx \langle ab; aq' + bq - qq', ap' + bp - pp' \rangle_{L/R} \quad \text{für} \quad a, b > 0. \tag{2.134}$$

Diese letzte Formel liefert im Spezialfall linearer Funktionen L, R die obige Näherungsformel (2.124).

Beachtet man, daß stets $({}^-A \odot B) = {}^-(A \odot B) = A \odot {}^-B$ gilt, so kann man (2.133), (2.134) auf umfangreichere Klassen von unscharfen Zahlen ausdehnen. Allerdings führt dies nur dann zu einfachen Formeln für die L/R-Darstellungen, wenn $L = R$ gewählt wird (evtl. bis auf eine Parametertransformation).

Auch für den Quotienten lassen sich analoge Näherungsformeln angeben. Ausgangspunkt dafür ist die zu (2.132) analoge Näherungsformel

$$B^{-1} \approx \langle 1/b; p'/b^2, q'/b^2 \rangle_{R/L} \tag{2.135}$$

für den Fall $0 \notin \text{supp}(B)$, die in der Umgebung von $1/b$ eine gute Näherung liefert. Mittels (2.135) und (2.133), (2.134) kann man dann den Quotienten $A \oslash B$ näherungsweise in L/R-Darstellung bestimmen. Damit ist man insgesamt in der Lage, in relativ einfacher Weise mit unscharfen Zahlen zu rechnen. Die Anwendungsmöglichkeiten bei numerischen Rechnungen mit z. B. unscharf gegebenen Daten oder unscharf bestimmten Parametern sind vielfältig. Der interessierte Leser sei auf DUBOIS/PRADE (1980), KAUFMANN/GUPTA (1985), POSPELOV (1986) und den Abschnitt 3.5 verwiesen.

Einen ganz anderen Aspekt unscharfer numerischer Angaben erhält man, wenn das Problem der Integration einer unscharfen Funktion oder einer scharfen Funktion über einem unscharfen Bereich betrachtet wird, z. B. im Zusammenhang mit der Flächenbestimmung unscharf berandeter Gebiete. Dann ist es sinnvoll, den Integralwert als unscharfe Größe anzusehen. Von den verschiedenen Möglichkeiten zur Definition seien einige im folgenden vorgestellt.

Sei $\tilde{f}(x)$ eine unscharfe Funktion (vgl. Abschnitt 2.2), d. h. entsprechend (2.58) eine Schar unscharfer Zahlen $\{\tilde{f}(x) : x \in [a, b] \subseteq \mathbb{R}\}$, der Wertebereich von $\tilde{f}$ sei $\mathcal{Y} \subseteq \mathbb{R}$. Für jedes $c \in (0, 1)$ habe die Gleichung für die Zugehörigkeitsfunktion

$$m_f(y; x) = c \tag{2.136}$$

genau zwei stetige Lösungen

$$y = f_c^+(x);\ y = f_c^-(x) \tag{2.137}$$

und für $c = 1$ genau eine stetige Lösung

$$y = f(x). \tag{2.138}$$

Dabei seien f^+ und f^- so eingeführt, daß für $c_2 \leqq c_1$ gilt:

$$f_{c_2}^-(x) \leqq f_{c_1}^- \leqq f_{c_1}^+(x) \leqq f_{c_2}^+(x). \tag{2.139}$$

Es liegt nun intuitiv nahe (vgl. DUBOIS/PRADE (1980)), die Integrale über die c-Niveaukurven als Definition eines unscharfen Integralwertes zu benutzen:

$$m_I\left(\int_a^b f_c^-(x)\,\mathrm{d}x\right) = m_I\left(\int_a^b f_c^+(x)\,\mathrm{d}x\right) = c \tag{2.140}$$

und

$$m_I\left(\int_a^b f(x)\,\mathrm{d}x\right) = 1. \tag{2.141}$$

Wegen der Stetigkeitsvoraussetzungen existieren diese Integrale.

Das Erweiterungsprinzip (2.101) führt im vorliegenden Fall auf die gleiche Definition. Offenbar wird hier das wohlbekannte Riemann-Integral für unscharfe Integranden verallgemeinert.

Praktikabel ist dieser Zugang besonders dann, wenn die unscharfe Funktion in L/R-Form vorliegt, d. h. wenn

$$\tilde{f}(x) = \langle f(x); s(x), t(x)\rangle_{L/R},\ x \in [a, b], \tag{2.142}$$

ist, wobei die Funktionen f, s, t über $[a, b]$ integrierbar seien. Die Rechnung gemäß (2.140) und (2.141) liefert

$$I = \left\langle \int_a^b f(x)\,\mathrm{d}x; \int_a^b s(x)\,\mathrm{d}x, \int_a^b t(x)\,\mathrm{d}x \right\rangle_{L/R}. \tag{2.143}$$

Sei nun f eine s c h a r f e reellwertige Funktion und das *Integrationsintervall* durch die beiden *unscharfen* Mengen A und B begrenzt. Dann liefert das Erweiterungsprinzip für die Zugehörigkeitsfunktion des unscharfen Integralwertes

$$m_I(z) = \sup_{(u,v)\in \mathcal{J}} \min \{m_A(u), m_B(v)\}, \tag{2.144}$$

dabei ist $\mathcal{J} = \{(u, v) \mid z = \int_u^v f(w)\, dw\}$. (Dubois/Prade (1980))

Diese Formel (2.144) kann noch vereinfacht werden: wenn man eine Stammfunktion F von f zur Verfügung hat, dann gilt

$$m_I(z) = \sup_{x\in \mathbb{R}} \min \left\{m_A(x), \sup_{v:z=F(v)-F(x)} m_B(v)\right\}. \tag{2.145}$$

In Fortsetzung dieses Zugangs lassen sich, über das Erweiterungsprinzip, auch unscharfe Integralwerte unscharfer Funktionen über unscharfen Intervallen einführen. Jedoch sind die Ergebnisse wenig praktikabel.

Zu einigen Linearitätseigenschaften und dem Verhalten bei mengentheoretischer Vereinigung der unscharfen Komponenten sei auf Dubois/Prade (1980) verwiesen.

Ein alternativer Zugang zum Integral einer scharfen Funktion über ein unscharfes Intervall geht von der Modellierung des Intervalls durch die Zugehörigkeitsfunktion $m_C(x)$ aus anstelle der Spezifizierung der unscharfen Enden A und B. Dann wäre ein *scharfer* Integralwert gegeben durch:

$$\mathfrak{I} = \int_{\mathbb{R}} m_C(x)\, f(x)\, dx. \tag{2.146}$$

3. Unscharfe Beziehungen

3.1. *Unscharfe Relationen*

Unsere Beispiele in Abschnitt 2.2 zeigten, daß unscharfe Relationen, also unscharfe Beziehungen zwischen — einer jeweils festen Anzahl von — mehreren Objekten (Gegenständen, Sachverhalten, ...) wie unscharfe Mengen behandelt werden können. Der Einfachheit halber werden wir uns im weiteren hauptsächlich mit binären, d. h. zweistelligen Relationen befassen.

Wir setzen voraus, einen Grundbereich $\mathcal{Y}$ zu haben, dessen Elemente geordnete Paare sind. Üblicherweise wird $\mathcal{Y}$ von der Form $\mathcal{Y} = \mathcal{X}_1 \times \mathcal{X}_2 = \{(x, y) \mid x \in \mathcal{X}_1$ und $y \in \mathcal{X}_2)$ sein. Eine *unscharfe* (*binäre*) *Relation* R in $\mathcal{Y}$ ist dann nichts weiter als eine unscharfe Teilmenge von $\mathcal{Y}$, also $R \in \mathfrak{F}(\mathcal{Y})$; der Zugehörigkeitswert $m_R(a, b)$ ist der Grad, mit dem die unscharfe Relation R auf die Objekte (a, b) zutrifft. Wie üblich bedeutet $m_R(a, b) = 1$, daß R auf (a, b) wirklich, voll und ganz, sicher, ... zutrifft, und bedeutet $m_R(a, b) = 0$, daß R auf (a, b) überhaupt nicht zutrifft.

Als Beispiele unscharfer Relationen hatten wir im Abschnitt 2.2 bereits die unscharfe Gleichheit R_0: „ungefähr gleich" mit den Varianten (2.50) bis (2.52) für die Festlegung der Zugehörigkeitsfunktion sowie die unscharfe Kleinerbeziehung R_1: „im wesentlichen kleiner als" mit der Zugehörigkeitsfunktion (2.54) betrachtet. Beides sind binäre unscharfe Relationen.

Ist der Grundbereich $\mathcal{Y}$, in dem eine unscharfe Relation betrachtet wird, eine endliche Menge von geordneten Paaren und zugleich selbst ein (gewöhnliches) kartesisches Produkt $\mathcal{Y} = \mathcal{X}_1 \times \mathcal{X}_2$ endlicher Mengen, so kann R durch eine Matrix mit Elementen aus $[0, 1]$ dargestellt werden. Ist speziell etwa $\mathcal{X}_1 = \{a_1, a_2, a_3\}$ und $\mathcal{X}_2 = \{b_1, b_2, b_3, b_4\}$, so wird durch

$$R_3:\ \begin{array}{c} \\ a_1 \\ a_2 \\ a_3 \end{array} \begin{array}{c} \begin{array}{cccc} b_1 & b_2 & b_3 & b_4 \end{array} \\ \begin{pmatrix} 0{,}8 & 0{,}3 & 0 & 0 \\ 1 & 0{,}7 & 1 & 0{,}2 \\ 0{,}6 & 0{,}9 & 1 & 0{,}5 \end{pmatrix} \end{array} \tag{3.1}$$

eine unscharfe Relation R_3 in $\mathcal{X}_1 \times \mathcal{X}_2$ beschrieben, für die z. B. gilt: $m_{R_3}(a_1, b_2) = 0{,}3$ und $m_{R_3}(a_3, b_4) = 0{,}5$.

Man erhält eine unscharfe Relation $R \in \mathfrak{F}(\mathcal{X}_1 \times \mathcal{X}_2)$, wenn man ausgehend von unscharfen Mengen $A \in \mathfrak{F}(\mathcal{X}_1)$, $B \in \mathfrak{F}(\mathcal{X}_2)$ deren unscharfes kartesisches Produkt $A \otimes B \in \mathfrak{F}(\mathcal{X}_1 \times \mathcal{X}_2)$ bildet und $R = A \otimes B$ nimmt. Aber nicht jede unscharfe Relation $R \in \mathfrak{F}(\mathcal{X}_1 \times \mathcal{X}_2)$ läßt sich solcherart als unscharfes kartesisches Produkt ansehen — es gibt zu $R \in \mathfrak{F}(\mathcal{X}_1 \times \mathcal{X}_2)$ nur immer unscharfe Mengen $A \in \mathfrak{F}(\mathcal{X}_1)$, $B \in \mathfrak{F}(\mathcal{X}_2)$, so daß $R \subseteqq A \otimes B$ ist.

Der Träger einer unscharfen Relation $R \in \mathfrak{F}(\mathcal{Y})$ ist eine gewöhnliche Relation in $\mathcal{Y}$, ebenso jeder α-Schnitt $R^{>\alpha}$ und jeder scharfe α-Schnitt $R^{\geqq\alpha}$. Überhaupt gelten, da unscharfe Relationen nur spezielle unscharfe Mengen sind, alle bisher für unscharfe Mengen ausgesprochenen Behauptungen auch für unscharfe Relationen. Und alle für unscharfe Mengen erklärten Verknüpfungen sind auch für unscharfe Relationen anwendbar — und liefern als Ergebnisse wieder unscharfe Relationen.

Darüber hinausgehend gibt es aber weitere, nur für (unscharfe) Relationen sinnvolle Verknüpfungen von (unscharfen) Relationen. Besonders wichtig sind darunter die Bildung der inversen Relation und die der Verkettung (des Produktes) zweier Relationen.

Ist $R \in \mathfrak{F}(\mathcal{Y})$ eine unscharfe Relation, so wird die *zu R inverse* unscharfe Relation R^{-1} definiert durch:

$$S := R^{-1}: m_S(x, y) =_{\text{def}} m_R(y, x) \quad \text{für alle} \quad (x, y) \in \mathcal{Y}. \tag{3.2}$$

Der Grad des Zutreffens einer inversen unscharfen Relation R^{-1} auf Objekte (a, b) ist also stets gleich dem Grad des Zutreffens von R auf die Objekte (b, a).

Hat man unscharfe Relationen $R \in \mathfrak{F}(\mathcal{X}_1 \times \mathcal{X}_2)$ und $S \in \mathfrak{F}(\mathcal{X}_2 \times \mathcal{X}_3)$ oder speziell auch $R, S \in \mathfrak{F}(\mathcal{Y})$ für $\mathcal{Y} \subseteq \mathcal{X} \times \mathcal{X}$, so wird deren *Verkettung* $R \circ S$ erklärt mittels der Zugehörigkeitsfunktion:

$$T := R \circ S: m_T(x, y) =_{\text{def}} \sup_{z \in \mathcal{X}_2} \min \{m_R(x, z), m_S(z, y)\}$$
$$\text{für alle} \quad (x, y) \in \mathcal{X}_1 \times \mathcal{X}_3. \tag{3.3}$$

Jeder α-Schnitt (und damit auch der Träger als 0-Schnitt) und ebenso jeder scharfe α-Schnitt einer unscharfen Relation R^{-1} ist die im gewöhnlichen Sinne inverse Relation zur scharfen Relation $R^{>\alpha}$ bzw. $R^{\geqq\alpha}$. Für die α-Schnitte einer Verkettung gilt in analoger Weise, daß stets

$$(R \circ S)^{>\alpha} = (R^{>\alpha}) \circ (S^{>\alpha}) \tag{3.4}$$

ist (wobei $\circ$ die gewöhnliche Verkettung scharfer Relationen bedeutet) und daß die entsprechende Beziehung auch für scharfe α-Schnitte gilt.

Man prüft leicht nach, daß für unscharfe Relationen R, S, T das *Assoziativgesetz*

$$(R \circ S) \circ T = R \circ (S \circ T) \tag{3.5}$$

und das *Distributivgesetz*

$$R \circ (S \cup T) = (R \circ S) \cup (R \circ T) \tag{3.6}$$

gelten, während für eine Verkettung der Gestalt $R \circ (S \cap T)$ nur das abgeschwächte Distributivgesetz

$$R \circ (S \cap T) \subseteqq (R \circ S) \cap (R \circ T) \tag{3.7}$$

gilt. Berücksichtigt man auch die Inversenbildung, dann ergeben sich noch

$$(R \circ S)^{-1} = S^{-1} \circ R^{-1}, \tag{3.8}$$

$$(R \cup S)^{-1} = R^{-1} \cup S^{-1}, (R \cap S)^{-1} = R^{-1} \cap S^{-1} \tag{3.9}$$

und bez. Komplementbildung und Inversenbildung

$$(R^{-1})^{-1} = R, \quad (\overline{R})^{-1} = (\overline{R^{-1}}). \tag{3.10}$$

Von Interesse für verschiedene Anwendungen sind auch die Monotonieeigenschaften

$$R \subseteqq S \Rightarrow R \circ T \subseteqq S \circ T \quad \text{und} \quad T \circ R \subseteqq T \circ S. \tag{3.11}$$

Betrachten wir unsere obigen Beispiele unscharfer Relationen, so drückt z. B. die inverse Relation R_1^{-1} die Beziehung „deutlich größer zu sein als" aus; die Vereinigung $R_0 \cup R_1^{-1}$ kann als Beziehung „deutlich größer oder ungefähr gleich" interpretiert werden. Außerdem erklären wir für reelle Zahlen eine unscharfe Relation R_2 durch

$$m_{R_2}(x, y) =_{\text{def}} [1 - (x - y^2)^2]^+ . \tag{3.12}$$

Diese Relation stellt eine Beziehung dar, die als „... ist ungefähr gleich dem Quadrat von ..." oder „... ist vom Quadrat von ... ununterscheidbar" bezeichnet werden kann. Die Verkettung $R_1 \circ R_2$ drückt dann die Beziehung aus „... ist im wesentlichen kleiner als das Quadrat von ...", die Verkettung $R_2^{-1} \circ R_1^{-1}$ die Beziehung „... hat ein Quadrat, das deutlich größer ist als ...".

Benutzt man über endlichen Grundbereichen die in (3.1) gezeigte Matrixdarstellung, ergeben sich einfache Möglichkeiten zur Bestimmung von R^{-1} und $R \circ S$. Es seien $\mathcal{U} = \{u_1, \ldots, u_n\}$, $\mathcal{V} = \{v_1, \ldots, v_m\}$, $\mathcal{W} = \{w_1, \ldots, w_l\}$ und $R \in \mathfrak{F}(\mathcal{U} \times \mathcal{V})$, $S \in \mathfrak{F}(\mathcal{V} \times \mathcal{W})$. Die Matrixdarstellungen von R, S seien gegeben als $R \triangleq (r_{ij})$ und $S \triangleq (s_{jk})$ mit $i = 1, \ldots, n$; $j = 1, \ldots, m$; $k = 1, \ldots, l$ und

$$r_{ij} = m_R(u_i, v_j), \quad s_{jk} = m_S(v_j, w_k). \tag{3.13}$$

Wählen wir für $T = R \circ S$ die Matrixdarstellung $T \triangleq (t_{ik})$, so ergibt sich

$$t_{ik} = \sup_j \min \{r_{ij}, s_{jk}\}. \tag{3.14}$$

Dies ist die bekannte Art der Bildung des Produktes von Matrizen, aber mit Supremum- statt Summenbildung und mit Minimum- statt Produktbildung.

Die inverse Relation R^{-1} wird einfach durch die zu (r_{ij}) transponierte Matrix dargestellt: $R^{-1} \triangleq (r_{ij})^{\mathsf{T}}$. Dies folgt unmittelbar aus (3.13) und (3.2).

Weitere grundlegende Operationen für Relationen betreffen die Veränderung der Anzahl jeweils miteinander in Beziehung zu setzender Objekte, also die Veränderung der Stellenzahl der Relation. Dabei kann es sich sowohl um eine Reduzierung, also Verkleinerung, als auch um eine Erweiterung, also Vergrößerung, dieser Anzahl handeln.

Dem Reduzieren der Anzahl miteinander in Beziehung zu setzender Objekte entspricht das Bilden von *Projektionen.* Ist $R \in \mathfrak{F}(\mathcal{X}_1 \times \mathcal{X}_2)$ eine binäre unscharfe Relation, dann gibt es genau zwei Projektionen $\mathsf{pr}_1(R)$, $\mathsf{pr}_2(R)$ mit den Zugehörigkeitsfunktionen

$$C := \mathsf{pr}_1(R): m_C(a) = \sup_{y \in \mathcal{X}_2} m_R(a, y) \quad \text{für alle} \quad a \in \mathcal{X}_1, \tag{3.15}$$

$$D := \mathsf{pr}_2(R): m_D(b) = \sup_{x \in \mathcal{X}_1} m_R(x, b) \quad \text{für alle} \quad b \in \mathcal{X}_2. \tag{3.16}$$

Ist $R \in \mathfrak{F}(\mathcal{X}_1 \times \mathcal{X}_2 \times \mathcal{X}_3)$ eine ternäre, also dreistellige unscharfe Relation im Grundbereich $\mathcal{Y} = \mathcal{X}_1 \times \mathcal{X}_2 \times \mathcal{X}_3$, dann gibt es neben den „eindimensionalen" Projektionen $\mathsf{pr}_j(R)$ mit Zugehörigkeitsfunktionen

$$C := \mathsf{pr}_j(R): m_C(a) = \sup_{\substack{(x_1,x_2,x_3) \in \mathcal{Y} \\ x_j = a}} m_R(x_1, x_2, x_3) \quad \text{für alle} \quad a \in \mathcal{X}_j \tag{3.17}$$

noch die „zweidimensionalen" Projektionen $\mathsf{pr}_{j,k}(R)$ bei $1 \leqq j$, $k \leqq 3$ mit den Zugehörigkeitsfunktionen

$$D := \mathsf{pr}_{j,k}(R): m_D(a, b) = \sup_{\substack{(x_1,x_2,x_3) \in \mathcal{Y} \\ x_j = a, x_k = b}} m_R(x_1, x_2, x_3)$$

$$\text{für alle} \quad a \in \mathcal{X}_j \quad \text{und} \quad b \in \mathcal{X}_k. \tag{3.18}$$

Ist ganz allgemein R eine n-stellige Relation über dem Grundbereich $\mathcal{Y} = \mathcal{X}_1 \times \cdots \times \mathcal{X}_n$ und für ein $1 \leqq k < n$: $j_1 < j_2 < \cdots < j_k$ eine wachsende Folge von Indizes $\leqq n$, dann ist die Projektion von R auf $\mathcal{Z} = \mathcal{X}_{j_1} \times \cdots \times \mathcal{X}_{j_k}$ erklärt durch die Zugehörigkeitsfunktion

$$D := \mathsf{pr}_{j_1,\ldots,j_k}(R):$$

$$m_D(\boldsymbol{a}) =_{\text{def}} \sup_{\substack{\boldsymbol{x}\in\mathcal{Y} \\ x_{j_i}=a_{j_i} \text{ für } i=1,\ldots,k}} m_R(\boldsymbol{x}) \quad \text{für alle} \quad \boldsymbol{a} \in \mathcal{X}. \tag{3.19}$$

Die Wirkung des Übergangs von einer Relation zu einer ihrer Projektionen veranschaulicht man sich am günstigsten geometrisch. So kann man beispielsweise die unscharfe Relation K über $\mathbb{R}^2$ mit Zugehörigkeitsfunktion

$$m_K(x, y) = \left[1 - c\left((x^2 + y^2)^{1/2} - 1\right)^2\right]^+, \tag{3.20}$$

die auf reelle Zahlen (a, b) zutrifft, wenn der Punkt (a, b) des $\mathbb{R}^2$ vom Ursprung $(0, 0)$ ungefähr die Entfernung 1 hat, geometrisch als unscharfe Peripherie (unscharfen Rand) des Einheitskreises deuten. Die Projektion

$$A := \mathsf{pr}_1(K): m_A(x) = \sup_{y\in\mathbb{R}} \left[1 - c\left((x^2 + y^2)^{1/2} - 1\right)^2\right]^+,$$

$$= \begin{cases} 1, & \text{wenn } -1 \leqq x \leqq 1, \\ [1 - c(1 - |x|)^2]^+ & \text{sonst}, \end{cases} \tag{3.21}$$

stellt dann eine unscharfe Strecke von ungefähr -1 bis ungefähr 1 dar.

Die Erweiterungen einer Relation auf eine größere Anzahl jeweils miteinander in Beziehung zu setzender Gegenstände nennt man *Zylindererweiterung*. Ist ein Grundbereich $\mathcal{Y} = \mathcal{X}_1 \times \cdots \times \mathcal{X}_n$ gegeben und für eine wachsende Folge $j_1 < \cdots < j_k \leqq n$ von Indizes eine unscharfe Relation $R \in \mathfrak{F}(\mathcal{X}_{j_1} \times \cdots \times \mathcal{X}_{j_k})$, die zu einer unscharfen Relation in $\mathcal{Y}$ erweitert werden soll, dann bildet man dazu die Zylindererweiterung

$$C := \mathsf{c}_{(j_1,\ldots,j_k)}(R): m_C(\boldsymbol{x}) = m_R(x_{j_1}, \ldots, x_{j_k}) \quad \text{für alle} \quad \boldsymbol{x} \in \mathcal{Y}. \tag{3.22}$$

Betrachten wir als Beispiel erneut die unscharfe Relation K mit Zugehörigkeitsfunktion (3.20), so können wir sie auf den Grundbereich $\mathbb{R}^3$ erweitern durch die Zylindererweiterung

$$C := \mathsf{c}_{(1,2)}(K): m_C(a, b, c) = m_K(a, b) \quad \text{für alle} \quad a, b, c \in \mathbb{R}. \tag{3.23}$$

In geometrischer Veranschaulichung stellt die unscharfe Menge $C \in \mathfrak{F}(\mathbb{R}^3)$ offenbar die unscharfe Mantelfläche eines (unscharfen) Zylinders dar und ist zugleich die entsprechende Erweiterung der unscharfen Relation K. (Von dieser Art der Veranschaulichung leitet sich der Name „Zylindererweiterung" her.) Da man aus jeder unscharfen n-stelligen Relation $R \in \mathfrak{F}(\mathcal{X}_1 \times \cdots \times \mathcal{X}_n)$ „eindimensionale" Projektionen $\mathsf{pr}_j(R) \in \mathfrak{F}(\mathcal{X}_j)$ für $j = 1, \ldots, n$ erhalten kann, ergibt sich die Frage, ob umgekehrt alle diese Projektionen $\mathsf{pr}_j(R)$ ausreichen, um daraus die unscharfe Relation R zu gewinnen. Dies ist im allgemeinen nicht der Fall. Ersetzen wir z. B. die in (3.20) definierte unscharfe Relation $K \in \mathfrak{F}(\mathbb{R}^2)$ durch die unscharfe Relation $Q \in \mathfrak{F}(\mathbb{R}^2)$, die erklärt sei als

$$Q = \mathsf{c}_1(\mathsf{pr}_1(K)) \cap \mathsf{c}_2(\mathsf{pr}_2(K)) \tag{3.24}$$

und die geometrisch ein unscharfes Einheitsquadrat darstellt, dann ist zwar

$$\mathsf{pr}_i(K) = \mathsf{pr}_i(Q) \quad \text{für} \quad i = 1, 2,$$

aber $K \neq Q$. Kann man jedoch eine unscharfe Relation $R \in \mathfrak{F}(\mathcal{X}_1 \times \cdots \times \mathcal{X}_n)$ aus allen Projektionen $\mathsf{pr}_j(R), j = 1, \ldots, n$, zurückgewinnen, und zwar als unscharfes kartesisches Produkt

$$R = \mathsf{pr}_1(R) \otimes \cdots \otimes \mathsf{pr}_n(R), \tag{3.25}$$

dann soll die unscharfe Relation R *separabel* heißen. Solche separablen unscharfen Relationen sind vor allem dann von Interesse, wenn man unscharfe Relationen als unscharfe Beziehungen zwischen Variablen auffaßt (vgl. Abschnitt 3.3).

Bedient man sich der Schreibweise (2.37) mittels verallgemeinerter Klassenterme, dann erhält (3.3) sofort die Form

$$R \circ S = \{(x, y) \parallel \exists z((x, y) \varepsilon R \wedge (z, y) \varepsilon S)\} \tag{3.26}$$

und entspricht also formal völlig dem traditionell gewohnten Relationsprodukt. Zugleich sieht man, daß man die Konjunktion $\wedge$ in (3.26) nicht nur wie in (3.3) als Minimumbildung, sondern z. B. als irgendeine t-Norm von Schweitzer/Sklar (1960; 1961) interpretieren kann (vgl. Kap. 2). Für die Gültigkeit von (3.5) muß man dann allerdings verlangen, daß diese t-Norm linksseitig stetig, d. h. unterhalbstetig ist. Diese Forderung der linksseitigen Stetigkeit einer t-Norm $\mathbf{t}$ ist gleichwertig der Forderung nach Gültigkeit des verallgemeinerten Distributivgesetzes

$$B \cap \bigcup_{j \in J} A_j = \bigcup_{j \in J} (B \cap A_j), \tag{3.27}$$

wenn man die Durchschnittsbildung $\cap$ mittels ebendieser t-Norm $\mathbf{t}$ erklärt als $A \cap B = \{x \parallel (x \varepsilon A)\ \mathbf{t}(x \varepsilon B)\}$ und $\bigcup$ wie in (2.80).

Alle weiteren relationstheoretischen Bildungen lassen sich analog zu (3.26) leicht in eine Form bringen, die klare Analogien zu den gewöhnlichen relationstheoretischen Begriffen aufzeigt.

3.2. *Eigenschaften unscharfer Relationen*

Von den gewöhnlichen Relationen spielen einige wenige Arten eine besondere Rolle für die Anwendungen. Hierzu gehören die *Äquivalenzrelationen*. Mit einer solchen gewöhnlichen Äquivalenzrelation werden bekanntlich im Grundbereich $\mathcal{X}$ elementfremde Restklassen einander jeweils äquivalenter Elemente erzeugt. Die Äquivalenzrelation stellt also eine Klassifikation für die Elemente dar. Man kann daher eine Klassifikation durch die Festlegung einer Äquivalenzrelation aufbauen.

Häufig ist eine scharfe Klassifikation nicht problemgerecht, ein Element kann z. B. mehreren Klassen mit einer jeweils abgestuften Zugehörigkeit angehören, wie es z. B. bei der technischen und medizinischen Diagnostik häufig vorkommt (vgl. auch Abschnitt 3.4). Für eine solche *unscharfe Klassifizierung* ist zu vermuten, daß unscharfe Analoga der gewöhnlichen Äquivalenzrelationen dabei eine Rolle spielen werden. Die gewöhnlichen Äquivalenzrelationen sind reflexive, symmetrische und transitive Relationen. Diese Eigenschaften werden also zunächst für unscharfe Relationen zu formulieren sein.

Zugleich hat man damit orientierende Beispiele dafür, wie Eigenschaften gewöhnlicher Relationen in angemessener Weise auf unscharfe Relationen übertragen werden können.

Es ist naheliegend, eine unscharfe Relation $R \in \mathfrak{F}(\mathcal{X} \times \mathcal{X})$ genau dann als *reflexiv* zu bezeichnen, wenn

$$m_R(x, x) = 1 \quad \text{für alle} \quad x \in \mathcal{X} \tag{3.28}$$

gilt, und sie *symmetrisch* zu nennen, falls

$$m_R(x, y) = m_R(y, x) \quad \text{für alle} \quad x, y \in \mathcal{X} \tag{3.29}$$

gilt. Die symmetrischen unscharfen Relationen sind einfach mittels ihrer Inversen zu charakterisieren:

$$R \text{ symmetrisch} \Leftrightarrow R = R^{-1}. \tag{3.30}$$

Die reflexiven und symmetrischen Relationen nennt man *unscharfe Nachbarschaftsbeziehungen*. Sie formalisieren unscharf fixiertes „Benachbartsein" (jedes Element ist sein eigener Nachbar — und sind x, y zu einem gewissen Grade benachbart, dann y, x zum selben Grade) bzw. eine Art von „Ähnlichsein". Beispiele solcher unscharfen Nachbarschaftsbeziehungen sind die in (2.50) und (3.12) erklärten unscharfen Relationen R_0, R_2. Natürlich ist mit R stets auch R^{-1} eine unscharfe Nachbarschaftsbeziehung.

Um zu unscharfen Entsprechungen der gewöhnlichen Äquivalenzrelationen zu kommen, muß man noch festlegen, was Transitivität bei unscharfen Relationen bedeuten soll. Da $R \circ R \subseteqq R$ eine die Transitivität bei gewöhnlichen Relationen charakterisierende Eigenschaft ist, liegt es nahe, eine unscharfe Relation $R \in \mathfrak{F}(\mathcal{X} \times \mathcal{X})$ dann *transitiv* zu nennen, wenn die Bedingung

$$\sup_{z \in \mathcal{X}} \min \{m_R(x, z), m_R(z, y)\} \leqq m_R(x, y) \quad \text{für alle} \quad x, y \in \mathcal{X} \tag{3.31}$$

erfüllt ist. Genauer soll R dann *sup-min-transitiv* heißen. Es zeigt sich nämlich, daß für manche Anwendungen (3.31) eine sehr starke Forderung ist. So ist z. B. die oben betrachtete unscharfe Relation R_0 mit Zugehörigkeitsfunktion (2.50) nicht sup-min-transitiv. Um dies zu sehen, wähle man $a = 1$, dann ist

$$1/2 = \sup_z \min \{m_{R_0}(4, z), m_{R_0}(z, 5)\} \quad \text{aber} \quad m_{R_0}(4, 5) = 0.$$

Anwendungsbezogene, aber auch theoretische Betrachtungen veranlaßten u. a. Zadeh (1971) und Klaua (1966), (1966a), andere Transitivitätsdefinitionen zu betrachten. Im Prinzip wird dabei im Ansatz (3.31) die Minimumbildung durch eine andere Verknüpfung ersetzt; bei Zadeh (1971) ist es die Produktbildung, bei Klaua die z. B. in (2.87) implizit benutzte Verknüpfung $*$, die für beliebige $u, v \in [0, 1]$ durch

$$u * v =_{\text{def}} [u + v - 1]^+ \tag{3.32}$$

erklärt ist. Neben dieser durch die Bedingung

$$\sup_{z \in \mathcal{X}} \big(m_R(x, z) \cdot m_R(z, y)\big) \leqq m_R(x, y) \quad \text{für alle} \quad x, y \in \mathcal{X} \tag{3.33}$$

charakterisierten sup*T*-·-*ransitivität* und der entsprechend durch

$$\sup_{z \in \mathcal{X}} \big(m_R(x, z) * m_R(z, y)\big) \leqq m_R(x, y) \quad \text{für alle} \quad x, y \in \mathcal{X} \tag{3.34}$$

charakterisierten sup-$*$-*Transitivität* kann man analog weitere Arten von Transitivität unscharfer Relationen diskutieren.

Das leitende Prinzip bei solchen weiteren Transitivitätsdefinitionen ist einfach: man behält die „äußere" Supremumbildung bei und ersetzt die Minimumbildung (bzw. das Produkt in (3.33), die Verknüpfung $*$ in (3.34)) durch irgendeine t-Norm. Das heißt aber, man behält $R \circ R \subseteqq R$ als charakteristische Bedingung für die Transitivität von R bei, variiert jedoch in (3.26) die Interpretation der Konjunktionsbildung.

Die sup-$*$-Transitivität gewinnt besonderes Interesse durch einen unerwarteten Zusammenhang mit Abstandsfunktionen (speziell mit Pseudometriken). Ist nämlich $R \in \mathfrak{F}(\mathcal{X} \times \mathcal{X})$ eine unscharfe Relation, die reflexiv, symmetrisch und sup-$*$-transitiv ist, so ist die durch

$$\varrho(x, y) =_{\mathrm{def}} 1 - m_R(x, y) \tag{3.35}$$

auf $\mathcal{X} \times \mathcal{X}$ erklärte Funktion ϱ eine *Abstandsfunktion* mit den charakteristischen Eigenschaften:

$$\varrho(x, y) = 0, \quad \text{wenn } x = y, \qquad \text{(Identitätseigenschaft)}$$

$$\varrho(x, y) = \varrho(y, x), \qquad \text{(Symmetrie)}$$

$$\varrho(x, z) + \varrho(z, y) \leqq \varrho(x, y). \qquad \text{(Dreiecksungleichung)}$$

Zusätzlich hat ϱ die Eigenschaft, daß für je zwei „Punkte" von $\mathcal{X}$ ihr ϱ-Abstand $\leqq 1$ ist.

Da die in (2.50) erklärte unscharfe Relation R_0 entsprechend (3.35) als ausgehend von einer Pseudometrik in R, dem mit a multiplizierten üblichen Abstand auf der Zahlengeraden nämlich, erklärt wurde, ergibt sich nun sofort, daß R_0 sup-$*$-transitiv ist.

Die *unscharfen Äquivalenzrelationen* sind nun diejenigen unscharfen Relationen, die reflexiv, symmetrisch und — auf irgendeine Art — transitiv sind. Daher ist R_0 Beispiel einer unscharfen Äquivalenzrelation.

Jede unscharfe Nachbarschaftsbeziehung R, deren Kern eine gewöhnliche Äquivalenzrelation ist, ist sup-$\triangle$-transitiv bez. der dem drastischen Produkt (2.88) entsprechenden Verknüpfung $\triangle$ in $[0, 1]$, die beschrieben werden kann durch die Beziehung: $r \triangle s = \min\{r, s\}$, falls $\max\{r, s\} = 1$, $r \triangle s = 0$ sonst. Deswegen und wegen der oben erwähnten Vorstellung, daß R ein „Ähnlichsein" formalisiert, werden unscharfe Äquivalenzrelationen oft auch als (unscharfe) *Ähnlichkeitsrelationen* bezeichnet.

Weil für alle reellen Zahlen $r, s \in [0, 1]$ die Ungleichungen $r * s \leqq r \cdot s \leqq \min\{r, s\}$ gelten, ist jede sup-min-transitive unscharfe Relation auch sup-$\cdot$-transitiv, und ist jede sup-$\cdot$-transitive unscharfe Relation auch sup-$*$-transitiv. Für jede der hier betrachteten Transitivitätsarten gibt also eine solcherart transitive unscharfe Äquivalenzrelation $R \in \mathfrak{F}(\mathcal{X} \times \mathcal{X})$ gemäß (3.35) Anlaß zu einer Abstandsfunktion in $\mathcal{X}$. Deswegen kann jede solche unscharfe Äquivalenzrelation auch als eine unscharfe *Ununterscheidbarkeitsrelation* aufgefaßt werden.

Nun wollen wir für unscharfe Äquivalenzrelationen $R \in \mathfrak{F}(\mathcal{X} \times \mathcal{X})$ im zugehörigen Grundbereich $\mathcal{X}$ Restklassen erklären. Zu $a \in \mathcal{X}$ ist die unscharfe *R-Restklasse* $\langle a \rangle_R$ charakterisiert durch die Zugehörigkeitsfunktion

$$A := \langle a \rangle_R : m_A(x) =_{\text{def}} m_R(a, x) \quad \text{für alle} \quad x \in \mathcal{X}, \qquad (3.36)$$

ist also die unscharfe Menge aller zum Element a R-äquivalenten Elemente von $\mathcal{X}$. Jede solche R-Restklasse ist eine normalisierte unscharfe Menge, denn für $A = \langle a \rangle_R$ ergibt sich $m_A(a) = 1$ aus der Reflexivität von R.

Aber anders als bei gewöhnlichen Äquivalenzrelationen können sich die Restklassen bez. unscharfer Äquivalenzrelationen *überlappen*, d. h.

$$\langle a \rangle_R \neq \langle b \rangle_R \quad \text{und} \quad \langle a \rangle_R \cap \langle b \rangle_R \neq \emptyset \qquad (3.37)$$

ist möglich. (Allerdings ist für verschiedene R-Restklassen die unscharfe Menge $\langle a \rangle_R \cap \langle b \rangle_R$ stets subnormal, da hgt $(\langle a \rangle_R \cap \langle b \rangle_R) = 1$ wegen der Transitivität von R zu $m_R(a, b) = 1$ und damit zu $\langle a \rangle_R = \langle b \rangle_R$ führt.) Diese Möglichkeit des Überlappens ist eine sehr erwünschte Konsequenz: denn sind die unscharfen R-Restklassen gerade die Klassen einer unscharfen Klassifikation, so können diese sich nun überlappen.

Während man sofort sieht, daß jeder (scharfe) α-Schnitt einer reflexiven bzw. symmetrischen unscharfen Relation selbst eine — im gewöhnlichen Sinne — reflexive bzw. symmetrische Relation ist, brauchen die (scharfen) α-Schnitte transitiver unscharfer Relationen keine — im gewöhnlichen Sinne — transitiven Relationen zu sein.

Die Kerne der Restklassen jeder unscharfen Äquivalenzrelation R sind aber elementefremd und daher Restklassen einer gewöhnlichen Äquivalenzrelation, nämlich des Kerns $R^{\geqq 1}$ von R. Ferner stehen alle Elemente des Kerns einer unscharfen R-Restklasse $\langle a \rangle_R$ mit allen Elementen des Kernes einer weiteren solchen R-Restklasse $\langle b \rangle_R$ zum gleichen Grade in der Relation R: daher ist der Grad, mit dem b zu der durch a gegebenen Klasse der von R dargestellten Klassifikation gehört, für alle $c \in \langle b \rangle_R^{\geqq 1}$ der Grad ihrer Zugehörigkeit zu jener Klassifikationsklasse.

Für R-Restklassen $\langle a \rangle_R \neq \langle b \rangle_R$ muß also jedenfalls $m_R(a, b) < 1$ sein. Wenn sogar $m_R(a, b) = 0$ ist, dann können sich weder bei sup-min-Transitivität noch bei sup-·-Transitivität von R die Restklassen $\langle a \rangle_R, \langle b \rangle_R$ überlappen: es muß dann $\text{supp}(\langle a \rangle_R) \cap \text{supp}(\langle b \rangle_R) = \emptyset$ sein. Ist R jedoch sup-∗-transitiv, dann erzwingt $m_R(a, b) = 0$ nur, daß $\text{hgt}(\langle a \rangle_R \cap \langle b \rangle_R) \leqq 1/2$ ist, die R-Restklassen $\langle a \rangle_R$, $\langle b \rangle_R$ können sich also in diesem Fall überlappen. Gilt dagegen $0 \neq m_R(a, b) < 1$, so ist solch eine Überlappung außer bei der sup-∗-Transitivität auch bei sup-min-Transitivität und bei sup-·-Transitivität der unscharfen Äquivalenzrelation R möglich.

Mit der Wahl der Transitivitätsart unscharfer Äquivalenzrelationen kann man also steuern, in welchem Maße die zugehörigen unscharfen Restklassen sich überlappen dürfen. Die sup-min-Transitivität und die sup-·-Transitivität gestatten das Überlappen nur für solche Restklassen $\langle a \rangle_R$, $\langle b \rangle_R$, deren Repräsentanten a, b mit einem von Null verschiedenen Grade R-äquivalent sind, die sup-∗-Transitivität gestattet das Überlappen von $\langle a \rangle_R$, $\langle b \rangle_R$ sogar dann, wenn a, b überhaupt nicht R-äquivalent sind (d. h. $m_R(a, b) = 0$ gilt).

Wichtige transitive Relationen sind auch die Anordnungsrelationen. Ist eine unscharfe Relation $R \in \mathfrak{F}(\mathcal{X} \times \mathcal{X})$ symmetrisch und transitiv (in irgendeiner Art), dann ist R *unscharfe Quasiordnung* oder auch *unscharfe Präferenzrelation*. Ist R eine sup-$\circledast$-transitive unscharfe Quasiordnung, $\circledast$ eine der Operationen min, ∗ bzw. ·, so ist die vermöge

$$m_Q(x, y) =_{\text{def}} m_R(x, y) \circledast m_R(y, x) \quad \text{für alle} \quad x, y \in \mathcal{X} \qquad (3.38)$$

erklärte unscharfe Relation $Q \in \mathfrak{F}(\mathcal{X} \times \mathcal{X})$ unscharfe sup-$\circledast$-transitive Äquivalenzrelation in $\mathcal{X}$.

Die antisymmetrischen Quasiordnungen sind die Halbordnungen. Die naheliegendste Art, Antisymmetrie für unscharfe Relationen zu erklären, ist durch eine Bedingung der Art

$$m_R(x, y) \circledast m_R(y, x) \leqq (x \doteq y) \quad \text{für alle} \quad x, y \in \mathcal{X}, \qquad (3.39)$$

wobei $\circledast$ wie eben und $\doteq$ wie in (2.104) zu verstehen sind. Erfüllt $R \in \mathfrak{F}(\mathcal{X} \times \mathcal{X})$ Bedingung (3.39), nennen wir R *antisymmetrisch*; und R heiße *unscharfe Halbordnung* in $\mathcal{X}$, falls R reflexiv, transitiv und antisymmetrisch ist.

Ebenso wie die gewöhnlichen Halbordnungen kann man auch unscharfe Halbordnungen in endlichen Grundbereichen $\mathcal{X}$ durch Hasse-Diagramme veranschaulichen; allerdings muß nun das so verallgemeinerte *Hasse-Diagramm* einer unscharfen Halbordnung ein bewerteter Graph sein, dessen — geeignet zu definierende — unscharfe transitive Hülle die ursprüngliche unscharfe Halbordnung ist. Die drei auftretenden Bewertungen mit reellen Zahlen aus [0, 1] können übrigens wieder als Zugehörigkeitswerte gedeutet werden und jener Graph somit als *unscharfer Graph,* d. h. als eine unscharfe Kantenmenge in einem gegebenem Grundbereich von Knoten.

In der Sprache der mehrwertigen Logik erweisen sich die Formulierungen der Eigenschaften für unscharfe Relationen sofort als völlig natürliche und naheliegende Verallgemeinerungen der entsprechenden Eigenschaften für gewöhnliche Relationen. Die Transitivität z. B. ist charakterisiert durch die Forderung

$$\models \forall x \, \forall y \, \forall z \, \big((x, z) \, \varepsilon R \wedge (z, y) \, \varepsilon R \to (x, y) \, \varepsilon R\big), \tag{3.40}$$

bei der $\models$ das Gültigkeitsprädikat der betrachteten mehrwertigen Logik ist, also verlangt, daß der danach angegebene Ausdruck den ausgezeichneten Wahrheitswert 1 hat. Wann dies der Fall ist, wird entscheidend von der Interpretation der in (3.40) auftretenden Junktoren $\wedge$ und $\to$ beeinflußt. Da üblicherweise das Erfülltsein von $\models (H_1 \to H_2)$ verlangt, daß $[\![H_1]\!] \leqq [\![H_2]\!]$ ist (bei allen erlaubten Belegungen evtl. noch frei auftretender Variablen), kommt der Interpretation von $\wedge$ in (3.40) erstrangige Bedeutung zu. In der Tat sind (3.31), (3.33), (3.34) nur Spezialfälle von (3.40), in denen $\wedge$ durch je geeignete t-Normen als Wahrheitswertfunktionen interpretiert wird. Tieferliegende Zusammenhänge zwischen den Interpretationen der Junktoren $\wedge$ und $\to$ spielen z. B. in Gottwald (1986), (1986a) eine Rolle.

Entsprechend ist die Antisymmetrie am natürlichsten als die Bedingung

$$\models \forall x \, \forall y \big((x, y) \, \varepsilon R \wedge (y, x) \, \varepsilon R \to x = y\big) \tag{3.41}$$

zu formulieren. Zum Problem der Interpretation der Junktoren $\wedge$, $\to$ kommt hier hinzu, daß $=$ geeignet mehrwertig zu deuten ist. (3.39) ist wegen (2.104) eine sehr simple Version; weitergehende Diskussionen gibt z. B. Gottwald (1989).

3.3. *Unscharfe Beziehungen zwischen Variablen*

Ein für viele Anwendungen unscharfer Relationen wichtiger Punkt ist, daß sie unscharfe Beziehungen zwischen (der der Stellenzahl der Relation entsprechenden Anzahl von) Variablen darstellen. So stellt die unscharfe Gleichheit R_0 — gemäß (2.50) oder (2.51), (2.52) — zwischen zwei Variablen u, v die Beziehung dar, daß die Werte von u und v ungefähr übereinstimmen.

Analog stellt die in (3.20) erklärte Relation K die Beziehung zwischen Variablen u, v dar, daß die Werte von u, v ungefähr die Koordinaten eines Punktes auf dem Einheitskreis sind. Die auf drei Variable u, v, w bezogene Bedingung, daß die Werte der ersten beiden ungefähr Koordinaten eines Punktes auf dem Einheitskreis sind, wird statt durch K durch die Zylindererweiterung $\mathsf{c}_{(1,2)}(K)$ von $K \in \mathfrak{F}(\mathbb{R}^2)$ auf $\mathbb{R}^3$ dargestellt.

Ein weiteres Beispiel für eine unscharfe Beziehung zwischen 3 reellen Variablen u, v, w wird durch die Relation S mit Zugehörigkeitsfunktion

$$m_S(x, y, z) = \left[1 - a\left((x^2 + y^2 + z^2)^{1/2} - 1\right)^2\right]^+ \quad \text{für alle} \quad x, y, z \in \mathbb{R} \tag{3.42}$$

gegeben: hier haben die Werte (x, y, z) der Variablen u, v, w im wesentlichen auf der Oberfläche der Einheitskugel zu liegen. Fragt man sich nun, welche Beziehung dadurch zwischen den Variablen v, w festgelegt wird, dann wird diese Beziehung beschrieben durch die unscharfe Relation $T = \mathsf{pr}_{2,3}(S)$, für die

$$m_T(y, z) = \sup_{x \in \mathbb{R}} m_S(x, y, z) = \begin{cases} 1, & \text{wenn} \quad z^2 + y^2 \leqq 1 \\ \left[1 - a\left((y^2 + z^2)^{1/2} - 1\right)^2\right]^+, & \text{wenn} \quad z^2 + y^2 > 1 \end{cases} \tag{3.43}$$

gilt. Die Werte von v, w müssen also „im wesentlichen innerhalb des Einheitskreises" liegen.

Anschaulich ist klar, daß in allen diesen Beispielen die Werte der betrachteten Variablen sich gegenseitig beeinflussen, wenn die jeweilige unscharfe Beziehung bestehen soll. Formal drückt sich dies darin aus, daß die diese unscharfen Beziehungen beschreibenden Relationen nicht separabel sind. Ganz allgemein wollen wir Variablen, die in einer unscharfen Beziehung R stehen, dann *interaktiv* nennen, wenn diese unscharfe Relation R nicht separabel ist; ist diese Relation separabel, dann heißen die Variablen *nicht-interaktiv*.

Hat man eine unscharfe Beziehung $R \in \mathfrak{F}(\mathcal{X} \times \mathcal{Y})$ zwischen Variablen u, v und einen Wert x_0 der Variablen u, dann wird durch

$$m_B(y) = m_R(x_0, y) \quad \text{für alle} \quad y \in \mathcal{Y} \tag{3.44}$$

eine *unscharfe Schranke* B für die Werte von v festgelegt (vgl. Abschnitt 2.2). Umgekehrt kann man natürlich, wenn man zu jedem möglichen Wert $x_0 \in \mathcal{X}$ von u eine Schranke $B \in \mathfrak{F}(\mathcal{Y})$ für die Werte v hat, gemäß (3.44) eine unscharfe Relation R erklären. Insbesondere kann man zu einer unscharfen Funktion zwischen den Werten von u und v immer eine diesen Zusammenhang beschreibende unscharfe Relation bilden. Dabei ist es unwesentlich, ob der funktionale Zusammenhang zwischen den betrachteten Variablen als (explizite oder implizite) unscharfe Funktion, nur als unscharfe Abbildung oder als unscharfe Funktionenschar (vgl. Abschnitt 2.2 für diese Begriffe) gegeben ist.

In jedem Fall kann man analog (3.44) zu gegebenen (scharfen) Werten einzelner der betrachteten Variablen unscharfe Schranken für die Werte der anderen Variablen aus der vorgegebenen unscharfen Relation R ableiten.

Um unnötig komplizierte Bezeichnungen zu vermeiden, wollen wir gestatten, daß verschiedene Variablen zu neuen Variablen „zusammengefaßt" werden dürfen. Sind etwa u_1, u_2 Variablen für Elemente aus $\mathcal{X}_1$ bzw. $\mathcal{X}_2$, so entspricht dem gleichzeitigen Betrachten von u_1 und u_2 das Betrachten einer neuen Variablen u mit Werten aus $\mathcal{X}_1 \times \mathcal{X}_2$; diese neue Variable soll hier kurz mit $u = (u_1, u_2)$ bezeichnet werden. In entsprechender Weise wollen wir zulassen, daß Variable „zerlegt" werden: etwa eine Variable u mit Werten aus $\mathcal{X} = \mathcal{X}_1 \times \mathcal{X}_2$ in zwei Variable u_1, u_2 mit Werten aus $\mathcal{X}_1$ bzw. $\mathcal{X}_2$.

Da man also immer verschiedene Variablen u_i mit Werten aus $\mathcal{X}_i$, $i = 1, \ldots k$, zu einer neuen Variablen $u = (u_1, \ldots, u_k)$ mit Werten aus $\mathcal{X}_1 \times \cdots \times \mathcal{X}_k$ zusammenfassen kann, genügt es anzunehmen, daß immer die in (3.44) vorausgesetzte Situation vorliegt: Man hat eine unscharfe Beziehung R zwischen 2 Variablen u, v und einen scharfen Wert x_0 für u. Dies gibt eine unscharfe Schranke B für die Werte der Variablen v.

Hat man unter Voraussetzung einer unscharfen Beziehung R solch eine unscharfe Schranke $B \in \mathfrak{F}(\mathcal{Y})$ für die Werte einer Variablen v, dann betrachtet man den Zugehörigkeitswert $m_B(y) = m_R(x_0, y)$ als *Grad der Möglichkeit*, daß $y \in \mathcal{Y}$ Wert der Variablen v ist, falls $x_0 \in \mathcal{X}$ Wert der Variablen u ist. Fragt man schlechthin nach Beschränkungen für die Werte von v, also unabhängig davon, welchen Wert u hat, dann wird diese globale unscharfe Beschränkung für die Werte von v durch die Projektion $\mathsf{pr}_2(R)$ geliefert.

Der Übergang von unserer bisherigen Deutung der Zugehörigkeitswerte $m_B(y)$ zu dieser Möglichkeitsdeutung setzt voraus, daß eine unscharfe Menge $B \in \mathfrak{F}(\mathcal{Y})$ als unscharfe Schranke für die Werte einer Variablen v, deren Variabilitätsbereich $\mathcal{Y}$ ist, betrachtet wird. B ist dann also eine Bedingung, der die möglichen Werte von v genügen müssen. Man schreibt für diesen Möglichkeitsgrad

$$\text{Poss}\,\{v = y \mid B\} = m_B(y) \tag{3.45}$$

in Anlehnung an die entsprechende Bezeichnung bedingter Wahrscheinlichkeiten. Die inhaltliche Vorstellung ist, daß ein Möglichkeitsgrad = 1, gegeben in der allgemeinen Form

$$\text{Poss}\,\{v = a \mid B\} = 1, \tag{3.46}$$

den Sachverhalt ausdrückt, daß die Variable v den Wert a uneingeschränkt annehmen kann; entsprechend bedeutet

$$\text{Poss}\,\{v = a \mid B\} = 0, \tag{3.47}$$

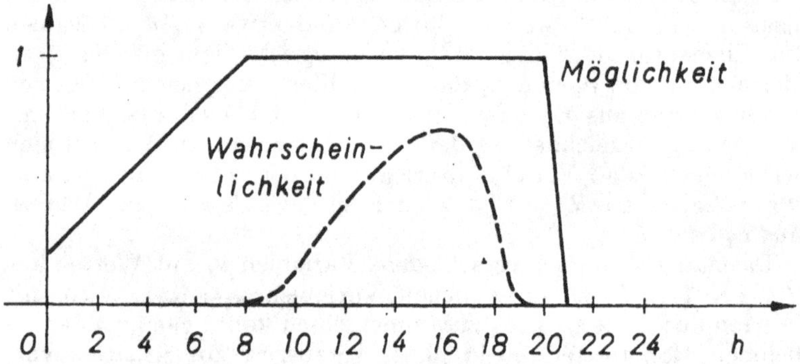

Abb. 10.

daß v den Wert a nicht annehmen kann. Die zwischen 1 und 0 liegenden Grade der Möglichkeit stufen in ähnlicher Art, wie sie bisher die Zugehörigkeit zu einer Menge abgestuft haben, nun die Möglichkeit ab, daß die betrachtete Variable v den Wert a annimmt. Dabei ist der Möglichkeitsgrad Poss $\{v = a \mid B\}$ von (3.45) keineswegs die (verallgemeinerte, bedingte) Wahrscheinlichkeit

$$\text{Prob}\,\{v = a \mid B\} \tag{3.48}$$

dafür, daß v den Wert a annimmt. Ist v etwa die Produktionszeit einer hochproduktiven Werkzeugmaschine an einem beliebigen Arbeitstag, dann könnten zugehörige Möglichkeitsgrade und Wahrscheinlichkeitswerte z. B. wie in Abb. 10 aussehen: Generell ist der Möglichkeitsgrad (3.45) nie kleiner als der ihm entsprechende

Wahrscheinlichkeitswert (3.48). Die Möglichkeitsgrade $= 0$ bei $\geqq 21$ Stunden Produktionszeit sollen dabei durch die Notwendigkeit planmäßiger Stillstandszeiten bewirkt werden, und die Möglichkeitsgrade < 1 bei < 8 Stunden Produktionszeit sollen ökonomischen Forderungen nach Grundmittelauslastung geschuldet sein.

Ist die unscharfe Schranke B durch den Kontext fixiert, dann ist der Möglichkeitsgrad (3.45) eine Funktion allein von $y \in \mathcal{Y}$, die sich auf die Werte der Variablen v bezieht. ZADEH (1978) schreibt

$$\pi_v = m_B \tag{3.49}$$

für diese Funktion und nennt π_v die durch B für die Variable v induzierte ***Möglichkeitsverteilung***. Da die Variable v mehrere Variable zusammenfaßt, also $v = (v_1, \ldots, v_k)$ sein kann, ist mit (3.49) auch der Fall erfaßt, daß die unscharfe Schranke B selbst eine unscharfe Relation ist.

Ausgehend von einer unscharfen Relation R zwischen Variablen u, v und scharfen Werten von u erhält man aus (3.44) also unscharfe Schranken für die Werte der anderen Variablen v und damit Möglichkeitsverteilungen (3.49) für die Werte von v. Es ist aber oft eine Idealisierung anzunehmen, daß ein Wert x_0 der Variablen u scharf gegeben sei. Ist dieser Wert etwa aus Beobachtungen zu bestimmen, so wird er i. allg. nur ungenau, also unscharf bestimmt sein. Daher muß man auch dann mittels einer unscharfen Relation R zwischen den Werten von u und v Informationen über die Werte von v gewinnen können, wenn der Wert von u nur unscharf gegeben ist.

Variable, deren Werte unscharfe Mengen sind, nennen wir *unscharfe Variable.* Sind u, v unscharfe Variable mit Werten aus $\mathfrak{F}(\mathcal{X})$ bzw. $\mathfrak{F}(\mathcal{Y})$, dann soll R ***unscharfe Beziehung*** zwischen u und v heißen, falls $R \in \mathfrak{F}(\mathcal{X} \times \mathcal{Y})$ ist. Die in (3.44) betrachtete Situation kann nun auch so aufgefaßt werden, daß vermittelt durch eine unscharfe Relation R dem Wert $x_0 \in \mathcal{X}$ der Variablen u der Wert $B \in \mathfrak{F}(\mathcal{Y})$ der unscharfen Variablen v zugeordnet wird. Dieser Wert stellt eine unscharfe Schranke für die „eigentlichen" Werte von v dar und beschreibt entsprechend (3.49) deren Möglichkeitsverteilung.

Ist $A \in \mathfrak{F}(\mathcal{X})$ Wert einer unscharfen Variablen u und $R \in \mathfrak{F}(\mathcal{X} \times \mathcal{Y})$ unscharfe Relation zwischen den unscharfen Variablen u, v, dann wird bezogen auf den zugehörigen Wert B von v der Möglichkeitsgrad $m_A(x_0)$ des „eigentlichen" Wertes x_0 von u zusammen mit dem Grad $m_R(x_0, y)$ den Möglichkeitsgrad $m_B(y)$ bestimmen. Zadeh (1973) wählt den Ansatz

$$m_B(y) = \sup_{x \in \mathcal{X}} \min \{m_A(x), m_R(x, y)\} \quad \text{für alle} \quad y \in \mathcal{Y}. \tag{3.50}$$

Diese *Zuordnungsregel* gestattet nun bei unscharfen Variablen u, v, die durch eine unscharfe Relation R miteinander in Beziehung stehen, jedem unscharfen Wert A von u einen unscharfen Wert B von v zuzuordnen. Der so durch die Zuordnungsregel (3.50) vermittelte Zusammenhang wird auch in der Form von Bedingungen

$$\mathsf{IF}\ u = A\ \mathsf{THEN}\ v = B \tag{3.51}$$

ausgedrückt. Wobei (3.51) die Lesart nahelegt, daß eine Wertzuweisung $u := A$ vermittelt über die unscharfe Relation R die Wertzuweisung $v := B$ nach sich zieht.

Die Analogie der Formeln (3.50) und (3.3) ist Anlaß, die durch (3.50) erklärte unscharfe Menge $B \in \mathfrak{F}(\mathcal{Y})$ als

$$B = A \circ R \tag{3.52}$$

zu bezeichnen. Sind $\mathcal{X}$, $\mathcal{Y}$ endliche Grundbereiche und wählt man gemäß (3.1) für R die Matrixdarstellung $R \triangleq (r_{ij})$ und entsprechend (2.3) für A, B die Vektornotationen $A \triangleq (a_i)$ und $B \triangleq (b_j)$, so ergibt sich $A \circ R$ analog zu (3.14) gerade als Produkt „Vektor $\times$Matrix“ mit Supremum- statt Summenbildung und Minimum- statt Produktbildung:

$$b_j = \sup_i \min \{a_i, r_{ij}\}. \tag{3.53}$$

In Anwendungen, etwa bei unscharfen Reglern oder beim approximativen Schließen (vgl. Kapitel 4), ist die Situation oft umgekehrt: IF ... THEN-Bedingungen (3.51) sind inhaltlich naheliegend — und eine diese Zusammenhänge über (3.50) vermittelnde unscharfe Relation R ist gesucht. Hat man nur eine Bedingung der Form (3.51) vorgegeben, dann ist es leicht, dazu passende unscharfe Relationen R zu finden. Man setzt in jedem Falle voraus, daß A, B normalisierte unscharfe Mengen sind oder wenigstens $\mathrm{hgt}\,(B) \leqq \mathrm{hgt}\,(A)$ gilt, und wählt vorzugsweise

$$R = A \otimes B, \tag{3.54}$$

vgl. Mamdani/Assilian (1975). Auch andere Vorschläge für die Festlegung unscharfer Relationen zu gegebenen IF ... THEN-Bedingungen (3.51) sind diskutiert worden (evtl. zusammen mit

Modifikationen der Zuordnungsregel (3.50)), z. B. die Ansätze

$$R = (A \otimes B) \cup (\bar{A} \otimes Y), \tag{3.55}$$

$$R = (\bar{A} \otimes Y) + (X \otimes B) \tag{3.56}$$

bei ZADEH (1973), bei MIZUMOTO (1982) und MIZUMOTO/ZIMMERMANN (1982), darüberhinaus noch zahlreiche weitere. Die Motivationen stammen meist aus Analogieüberlegungen: So steht hinter dem Ansatz (3.56) z. B. die Lesart NOT $u = A$ OR $v = B$ für IF $u = A$ THEN $v = B$, während (3.55) der Spezialfall $C = Y$ der Bedingung

$$\text{IF } u = A \text{ THEN } v = B \text{ ELSE } v = C \tag{3.57}$$

ist, die durch die unscharfe Relation

$$R = (A \otimes B) \cup (\bar{A} \otimes C) \tag{3.58}$$

beschrieben werden könnte.

Hat man jedoch eine ganze Schar von Bedingungen (3.51) vorliegen, die durch den zu beschreibenden Zusammenhang motiviert sind, dann entspricht dieser Schar ein System von ***Relationalgleichungen*** (3.52) für eine unbekannte Relation — und die Frage nach der Bestimmung dieser unscharfen Relation wird zum Problem, jenes System von Gleichungen zu lösen (vgl. Abschnitt 4.3).

3.4. Unscharfe Clusteranalyse

Die in den vorangehenden Abschnitten dieses Kapitels eingeführten Begriffe finden auf verschiedene Standardaufgaben der angewandten Mathematik Anwendung. Zwei dieser Gebiete, die über ein eigenständiges Methodengebäude verfügen, sollen in diesem und dem folgenden Abschnitt vorgestellt werden.

Bei der Vorbereitung von Aufgaben der Diagnose und Therapie, der Entscheidungsfindung und Steuerung (z. B. STRAUBE (1983), SCHÜLER (1985)) trifft man häufig auf das folgende Problem: Eine gegebene Menge $\mathcal{X} = \{x_1, \ldots, x_N\}$ unterscheidbarer Objekte (oder Sachverhalte, o. ä.) soll so in Teilmengen, sogenannte *Cluster* zerlegt werden, daß die Objekte innerhalb einer solchen einander *möglichst ähnlich* und die aus verschiedenen Teilmengen möglichst *wenig* ähnlich sind. Damit soll u. a. erreicht werden, daß die eingangs erwähnten Aufgaben für jede Teilmenge getrennt gelöst werden können.

Das Vorgehen bei der Zerlegung der Objektmenge in Cluster muß, in der Regel, sehr kontextabhängig und heuristisch sein. Es umfaßt gewöhnlich die folgenden drei Stufen (s. z. B. ANDERBERG (1973); HARTIGAN (1975); BEZDEK (1981)):

1. Die Festlegung derjenigen Objektmerkmale, die für die Zerlegung wesentlich sein sollen: *Merkmalsauswahl.* Dafür gibt es zahlreiche Empfehlungen (s. die oben genannte Literatur). Für das weitere wird angenommen, daß die Bezeichnungen für die Objekte $x_1, \ldots, x_N$ bereits diese wesentlichen Merkmale repräsentieren.

2. Die Wahl von Aggregierungs- und Umformungsrichtlinien für $x_1, \ldots, x_N$ und die Darstellung als überschaubare Menge (Punkte, Funktionen, Graphen, Standardformen, u. ä.), sowie Richtlinien für die Entscheidungen: Objekt x_i wird dem Cluster Q_j zugeordnet: *Clusteranalyse.*

3. Schließlich sind, im allgemeinen, noch Festlegungen erforderlich, wie künftige Objekte $x_{N+1}, x_{N+2}, \ldots$ den erhaltenen Clustern zugeordnet werden sollen: *Klassifizierung.*

Die Heuristik der Entscheidungsfindung ist häufig mit Modellvorstellungen (z. B. aus der mathematischen Statistik) gestützt oder verbrämt.

Für die Anwendung der Theorie unscharfer Mengen bieten sich zwei Ansatzpunkte an: die Spezifizierung der Ähnlichkeit der Objekte als unscharfe Äquivalenzrelation und die Betrachtung unscharfer Zerlegungen des Grundbereiches.

Häufig läßt sich die Ähnlichkeit jeweils zweier Objekte x_i, x_j durch eine Zahl $s_{ij} = s(x_i, x_j)$ ausdrücken über eine geeignete Funktion $s: \mathcal{X} \times \mathcal{X} \to [0, 1]$, so daß höhere Werte von s höhere Ähnlichkeit bedeuten. Dann kann durch $s(x_i, x_j) = m_{S_0}(x_i, x_j)$, $i, j \in \{1, \ldots, N\}$, eine *unscharfe Relation* S_0 über $\mathcal{X} \times \mathcal{X}$ definiert werden, die die Ähnlichkeitsvorstellungen über die Objekte widerspiegelt. Während sich $s_{ii} = 1 > s_{ij}$; $i \neq j$, d. h. „jedes Objekt ist sich selbst ganz und gar ähnlich", und damit die Reflexivität von S_0 von selbst versteht, muß die Symmetrie $s_{ij} = s_{ji}$ nicht in jedem denkbaren Falle trivialerweise erfüllt sein, wird aber üblicherweise als erfüllt angenommen. Daher ist jede so bestimmte unscharfe Relation S_0 eine unscharfe Nachbarschaftsbeziehung. Die gewöhnliche Transitivität ist in der Regel nicht gegeben, die Ähnlichkeit kann sich in einer Kette paarweise ähnlicher Objekte schnell verlieren. Die spezifizierte Relation S_0 ist alo im allgemeinen keine sup-min-transitive Ähnlichkeitsrelation im Sinne von Abschnitt 3.2. Gelegentlich erfüllt die Relation S_0 die Kriterien einer anderen Transitivität; beispielsweise sichert die Bedingung $s_{ii} = 1 > s_{ij}$, $i \neq j$, daß der Kern von S_0 eine gewöhnliche Äquivalenzrelation ist und deswegen S_0 sup-$\triangle$-transitiv bez. der dem drastischen Produkt (2.88) entsprechenden Verknüpfung $\triangle$ in $[0, 1]$.

Wünscht man Transitivität einer bestimmten Art, dann kann man von S_0 zur entsprechenden transitiven Hülle übergehen, d. h. zur bez. Inklusion $\subseteqq$ kleinsten S_0 umfassenden, in der entsprechenden Art transitiven unscharfen Relation S. Allerdings muß diese Relation S nicht mehr mit allen für S_0 konstitutiven Ähnlichkeitsvorstellungen harmonieren. Ein anderer Weg ist die Betrachtung der Familie $\{S_0^{\geqq\alpha}\}_{\alpha\in[0,1]}$ daraufhin, ob sich für gewisse α brauchbare Äquivalenzklassen ergeben. Ein weiterer Ausweg wäre die Darstellung von S_0 als Graph, dessen Knoten die Objekte und dessen unscharfe Kanten durch die Ähnlichkeitswerte s_{ij} gegeben sind. Dann ist die Clusterbildung äquivalent zur Konstruktion von Teilgraphen, entweder, indem jeweils die Knoten mit den höchsten s_{ij} verbunden werden, oder daß die Kanten mit den kleinsten s_{ij} aufgebrochen werden, bis der Graph in Teilgraphen zerfällt. Wegen weiterer Einzelheiten s. z. B. BALAS/PADBERG (1976); GOWER/ROSS (1969).

Falls S_0 durch eine monotone Transformation aus einer Metrik d analog zu (3.35) gewonnen wurde, dann ist es bereits eine Ähnlichkeitsrelation.

Für den Fall $\boldsymbol{x}_i = (x_{i1}, \ldots, x_{ir})^{\mathrm{T}} \in \mathbb{R}^r$ bieten sich für m_S die sogenannten $\mathbf{L}_p$-Normen an

$$m(\boldsymbol{x}_i, \boldsymbol{x}_j; p) = \Big(\sum_k |x_{ik} - x_{jk}|^p\Big)^{1/p}, \qquad p \geqq 0. \tag{3.59}$$

Wenn eine Metrik gegeben ist, dann liegt es nahe, die Ähnlichkeit als *Nähe* zu deuten, und eine explizite Spezifizierung von S_0 wird i. allg. überflüssig. Einen originellen Vorschlag in dieser Richtung machen GITMAN/LEVINE (1970) durch die Deutung der relativen Anzahl von Punkten in einer ϑ-Umgebung eines Objektes $\boldsymbol{x}_i \in \mathbb{R}^r$

$$(1/N) \operatorname{card} \{\boldsymbol{x}_j \in \mathcal{X} \mid d(\boldsymbol{x}_i, \boldsymbol{x}_j) \leqq \vartheta\} = m_A(\boldsymbol{x}_i) \tag{3.60}$$

als Zugehörigkeitsfunktion einer unscharfen Menge A auf $\mathcal{X}$. Die Maxima von m_A werden als Zentren der gesuchten Cluster gewählt, denen die Objekte zugeordnet werden.

Alle bisher genannten Verfahren liefern *scharfe* Cluster, d. h., für jedes Objekt ist die Zugehörigkeit zu genau einer Teilmenge festgelegt.

Läßt man eine *unscharfe Zerlegung* von $\mathcal{X}$ in unscharfe Mengen $Q_1, \ldots, Q_n$ zu, d. h. mit der Bedingung

$$\forall\, x_i \in \mathcal{X}: \sum_{j=1}^{n} m_{Q_j}(x_i) = 1\,, \tag{3.61}$$

so lassen sich die Mengen Q_j als unscharfe Cluster betrachten, die zu bestimmen sind. Die Normierung (3.61) dient dazu, die Cluster bez. ihrer relativen Mächtigkeit einzuschätzen. Sie wird in der nachfolgend zitierten Literatur stets gefordert, es scheint jedoch auch eine Clusteranalyse ohne diese Normierung sinnvoll. Die Aufgabe der Bestimmung von Clustern gemäß (3.61) ist äquivalent zur Festlegung einer Matrix $U = (u_{ij})$ mit $u_{ij} = m_{Q_j}(x_i)$, für die entsprechend (3.61)

$$\sum_{j=1}^{n} u_{ij} = 1\,; \quad 0 < \sum_{i=1}^{N} u_{ij} < N \tag{3.62}$$

für alle i bzw. j gelten muß.

Für den Fall, daß S_0 symmetrisch ist, schlug Ruspini (1970), (1973) vor, die u_{ij} durch die Minimierung eines geeigneten Funktionals zu bestimmen, z. B. über

$$G_1(U) = \sum_{i=1}^{N} \sum_{k=1}^{N} [w(u_{i1}, \ldots, u_{in};\, u_{k1}, \ldots, u_{kn}) - f(s_{ik})]^2\,, \tag{3.63}$$

wobei $w(.;.)$ eine bez. i und k symmetrische nicht negative Funktion ist, die für $i = k$ verschwindet, und f eine nicht negative, nicht wachsende, nicht identisch verschwindende Funktion mit $f(1) = 0$ ist. Sind diese Funktionen durch entsprechende Normen im $\mathbb{R}^n$ bzw. $\mathbb{R}^r$ gegeben, dann ist

$$G_{10}(U) = \sum_{i=1}^{N} \sum_{k=1}^{N} [c_0 \, \|\boldsymbol{u}^{(i)} - \boldsymbol{u}^{(k)}\|^2 - \|\boldsymbol{x}_i - \boldsymbol{x}_k\|^2]^2 \tag{3.64}$$

mit der Abkürzung $\boldsymbol{u}^{(i)} = (u_{i1}, \ldots, u_{in})^{\mathsf{T}}$ und der positiven Konstanten c_0 ein spezielles Beispiel für $G_1(U)$.

Hat man aber im Raum $\mathbb{R}^r$ als Metrik speziell eine von einem inneren Produkt induzierte Norm $d^2(\boldsymbol{x}, \boldsymbol{y}) = \|\boldsymbol{x} - \boldsymbol{y}\|^2$, dann lohnt es sich sogar, hypothetische Objekte $\boldsymbol{v}_1, \ldots, \boldsymbol{v}_n \in \mathbb{R}^r$ einzuführen, sogenannte *Prototypen* oder Clusterzentren, und den

Abstand von diesen als Maß der Unähnlichkeit zum Ausgangspunkt für die Konstruktion unscharfer Cluster zu wählen. Von DUNN (1975) und BEZDEK (1974), (1981) wird vorgeschlagen, das Funktional

$$G_2(U, V) = \sum_{i=1}^{N} \sum_{j=1}^{n} (u_{ij})^p \, \|\boldsymbol{x}_i - \boldsymbol{v}_j\|^2 \tag{3.65}$$

bez. $U = (u_{ij})$ mit (3.63) und $V = (\boldsymbol{v}_1, \ldots, \boldsymbol{v}_n), p \in [1, \infty)$, zu minimieren. Dabei ist p ein wählbarer Wichtungsexponent, mit dem man, motiviert oder experimentell, die Clusterbildung an fachspezifische Vorstellungen im praktischen Problem anpassen kann. Je größer p gewählt wird, um so „unschärfer" werden die Zuweisungen der Zugehörigkeit für die Cluster; je kleiner p ist, um so schärfer wird die Clusterung („Kontrastparameter" p). Hierzu, sowie wegen der Existenz eines (globalen) Minimums von G_2 s. BEZDEK (1981).

Zur Lösung des entstehenden Optimierungsproblems wird ein *Iterationsverfahren* (ISODATA-FCM) vorgeschlagen:

Schritt 1: Wähle die gewünschte Clusteranzahl n $(2 \leqq n < N)$, eine von einem inneren Produkt induzierte Norm $\|\cdot\|$ in $\mathbb{R}^r$, sowie einen Exponenten $p \in [1, \infty)$. Wähle eine Ausgangsmatrix $U^{(0)}$ mit (3.62). Setze $l = 0$.

Schritt 2: Berechne die n Clusterzentren $\boldsymbol{v}_j^{(l)}$ gemäß

$$\boldsymbol{v}_j^{(l)} = \sum_{i=1}^{N} (u_{ij}^{(l)})^p \, \boldsymbol{x}_i \Big/ \sum_{i=1}^{N} (u_{ij}^{(l)})^p . \tag{3.66}$$

Schritt 3: Berechne $U^{(l+1)}$ gemäß der folgenden Vorschrift:
Sei

$$I_i = \left\{j \in \{1, \ldots, n\} \mid \|\boldsymbol{x}_i - \boldsymbol{v}_j^{(l)}\| = 0\right\} \tag{3.67}$$

und

$$\bar{I}_i = \{1, \ldots, n\} \setminus I_i .$$

Falls

$$I_i = \emptyset, \quad \text{dann wähle}$$

$$u_{ij}^{(l+1)} = \left[\sum_{k=1}^{n} \left(\frac{\|\boldsymbol{x}_i - \boldsymbol{v}_j^{(l)}\|}{\|\boldsymbol{x}_i - \boldsymbol{x}_k^{(l)}\|}\right)^{2/(n-1)}\right]^{-1}, \tag{3.68}$$

und falls

$$I_i \neq \emptyset, \quad \text{dann wähle} \quad u_{ij}^{(l+1)} = 0 \quad \text{für alle} \quad j \in \bar{I}_i$$

und

$$\sum_{j \in I_i} u_{ij}^{(l+1)} = 1 . \tag{3.69}$$

Schritt 4: Wähle eine zu $\|\cdot\|$ passende Matrixnorm und ein $\varepsilon > 0$. Falls

$$\|U^{(l+1)} - U^{(l)}\| \leqq \varepsilon, \tag{3.70}$$

dann beende das Verfahren mit $U^{(l+1)}$, $V^{(l)}$, anderenfalls setze bei Schritt 2 fort.

Wegen der Konvergenz des Verfahrens gegen ein (lokales) Minimum von G_2 s. BEZDEK (1981).

Es muß nachdrücklich darauf hingewiesen werden, daß es sich bei *allen* Verfahren zur Clusterbestimmung um *Vorschläge* handelt, deren Brauchbarkeit vom gegebenen Kontext abhängt. Ein Verfahren, das in jeder Situation die fachwissenschaftlich sinnvolle oder beste Zerlegung findet, gibt es nicht. In der Regel, vor allem, wenn das Verfahren noch freie Parameter enthält, z. B. die Anzahl n der Cluster oder den Exponenten p, werden mehrere Zerlegungen geliefert. Die Auswahl daraus kann im Idealfall dem Fachwissenschaftler der Anwendungsdisziplin überlassen bleiben. Es gibt jedoch zahlreiche Vorschläge zur Entscheidungshilfe, bei denen die erhaltenen Zerlegungen z. B. über Funktionale bewertet werden. Zwei davon seien erwähnt (zu weiteren s. BEZDEK (1981)):

Der *Zerlegungskoeffizent* (BEZDEK (1974))

$$F(U; n) = \sum_{i=1}^{N} \sum_{j=1}^{n} (u_{ij})^2/N \tag{3.71}$$

mit $(1/n) \leqq F(U; n) \leqq 1$. Dabei wird der Wert 1 für eine scharfe Zerlegung angenommen und $(1/n)$ für die unschärfste: $u_{ij} = (1/n)$.

Die *Zerlegungsentropie*

$$H(U; n) = -\sum_{i=1}^{N} \sum_{j=1}^{n} u_{ij} \log u_{ij}/N \tag{3.72}$$

mit $0 \leqq H(U; n) \leqq \log n$. Dabei wird der Wert 0 für eine scharfe Zerlegung angenommen und $\log n$ für die unschärfste. Es gilt

$$1 - F(U; n) \leqq H(U; n)/\log e, \tag{3.73}$$

wobei genau im scharfen Fall das Gleichheitszeichen gilt. Man wird also Zerlegungen bevorzugen, die einen größeren Zerlegungskoeffizienten oder eine kleinere Zerlegungsentropie haben. Eine strenge Optimierung über die freien Parameter kann allerdings fachwissenschaftlich unsinnige Ergebnisse liefern (BEZDEK (1981)).

Bei der Klassifizierung, d. h. der Einordnung weiterer Objekte in die Cluster, wird eine Zerlegung der Menge der potentiellen Objekte verlangt. Diese erfolgt entweder explizit durch die Angabe von Diskriminanzfunktionen (sogenannten *Klassifikatoren*), die auf entscheidungstheoretischen Prinzipien und Modellvorstellungen über die zu klassifizierende Objektgesamtheit basieren, oder implizit durch sogenannte *Nachbarschaftsregeln*, bei denen jeweils die nächsten Nachbarn oder die nächsten Zentren die Clusterzugehörigkeit der neuen Objekte bestimmen. Dies setzt natürlich das Vorhandensein einer Distanzfunktion voraus.

Diese Vorstellungen können auf den Fall unscharfer Cluster übertragen werden: So wäre z. B. eine *scharfe* Einordnung eines neuen Objektes möglich, bei der dasjenige Cluster gewählt wird, zu dem der nächste Nachbar die größte Zugehörigkeit zeigt.

Eine *unscharfe* Einordnung neuer Objekte in eine unscharfe Zerlegung der Ausgangsmenge $\mathcal{X} = \{x_1, \ldots, x_N\}$ dagegen ist ein völlig neues Problem. Ein Vorschlag zu dessen Lösung stammt von RUSPINI (1970):

Sei $\hat{\mathcal{X}} = \{\hat{x}_1, \ldots, \hat{x}_q\}$ die neu in die Clusterzerlegung U einzupassende Menge von Objekten. In $\mathbb{R}^n$ und $\mathbb{R}^r$ seien entsprechende Normen gegeben. Dann scheint es vernünftig, daß sich der Zugehörigkeitsvektor $\hat{\boldsymbol{u}}^{(i)}$ des Objektes $\hat{x}_i$ nur wenig von $\boldsymbol{u}^{(k)}$ für $x_k \in \mathcal{X}$ unterscheidet, wenn $\hat{x}_i$ in der Nähe von x_k liegt. Diese Vorstellung wird von RUSPINI in einer Adaption seines Funktionals $G_{10}(U)$ aus (3.65) verwirklicht:

$$G_{11}(\hat{U}) = \sum_{i=1}^{q} \sum_{k=1}^{N} [c_0 \, \|\hat{\boldsymbol{u}}^{(i)} - \boldsymbol{u}^{(k)}\|^2 - \|\hat{x}_i - x_k\|^2]^2. \qquad (3.74)$$

Dabei ist $U = (u_{kj})$ fest und die Minimierung erfolgt allein über $\hat{U} = (\hat{u}_{ij})$. Zur Lösung des Optimierungsproblems verwendet man Iterationsverfahren. Offensichtlich ist $G_{11}(\hat{U})$ ebenso ein Spezialfall allgemeinerer Möglichkeiten, wie $G_{10}(U)$ zu $G_1(U)$ gemäß (3.64) (s. dazu RUSPINI (1970)).

Verfahren der unscharfen Clusteranalyse und der auf solch einer Analyse gegründeten unscharfen Klassifizierung haben Anwendungen in verschiedensten Bereichen gefunden. Ein für viele Anwendungsfälle genutzter Zugang ist bei BOCKLISCH (1987) ausführlich beschrieben und durch Anwendungsbeispiele aus Technik und medizinischer Diagnostik illustriert worden; neuere Anwendungsfälle beschreiben z. B. REICHELT (1986) bei technologischen Problemen und BOCKLISCH BURMEISTER/PAULINUS (1987/88) bei Fragen des automatisierten Schweißens.

3.5. Unscharfe Optimierung

Zahlreiche Anwendungsaufgaben werden als *Optimierungsprobleme* formuliert. Über einer Grundmenge $\mathcal{X}$ (Menge der Alternativen oder theoretischen Möglichkeiten) sind einige *Optimierungskriterien* (Ziele)

$$G_j(x) \doteq \text{opt } (= \text{min, o. B. d. A.}), \tag{3.75}$$

$j = 1, \ldots, m$, spezifiziert, die unter einer Reihe von *Nebenbedingungen* $C_i(x)$, $i = 1, \ldots, n$, (z. B. Gleichungen oder Ungleichungen) zu erfüllen sind.

Die mathematische Behandlung eines solchen Optimierungsproblems mit den herkömmlichen Methoden der Operationsforschung setzt jedoch voraus, daß die Kriterien (3.75) wohldefiniert sind und eine einfache mathematische Formulierung gestatten, daß die Nebenbedingungen scharf formuliert sind und daß die vorkommenden mathematischen Bestimmungselemente (z. B. Koeffizienten und algebraische Verknüpfungen) genau bekannt sind. All dies ist aber bei echten Anwendungsaufgaben höchstens näherungsweise erfüllt, was die Praxisrelevanz der herkömmlichen Verfahren häufig sehr begrenzt.

Daher schlugen Bellman/Zadeh (1970) vor, Ziele und Nebenbedingungen unscharf zu erfassen. An die Stelle der scharfen Optimalitätsforderungen könnten z. B. die unscharfen Ziele treten, sich gewissen, für nahezu optimal gehaltenen Elementen möglichst gut anzunähern. Die scharfen Nebenbedingungen könnten durch unscharfe Entsprechungen (unscharfe Gleichheiten bzw. unscharfe Schranken) ersetzt werden. Damit würde in vielen Fällen zudem eine bessere Erfassung der praktischen Entscheidungssituation erreicht. Im scharfen Falle muß die Lösung D des Optimierungsproblems alle Ziele und Nebenbedingungen gleichzeitig erfüllen, d. h., sie läßt sich in der Form darstellen

$$D = \left(\bigcap_{i=1}^{n} C_i\right) \cap \left(\bigcap_{j=1}^{m} G_j\right). \tag{3.76}$$

Seien nun m_{C_i} und m_{G_j} die Zugehörigkeitsfunktionen der im folgenden als *unscharf* angenommenen Nebenbedingungen und Ziele. Im Falle, daß die Komponenten C_i, $i = 1, \ldots, n$, und G_j, $j = 1, \ldots, m$, des Optimierungsproblems alle die gleiche Wichtigkeit haben und ihre nicht-interaktive Aggregation den Gegebenheiten des praktischen Problems entspricht, dann erhält man für die nun *unscharfe* Lösung D die Zugehörigkeitsfunktion

$$m_D(x) = \min \left\{ \min_i m_{C_i}(x), \min_j m_{G_j}(x) \right\} \quad \text{für alle} \quad x \in \mathscr{X}. \tag{3.77}$$

Falls eine scharfe Lösung x_f verlangt wird, kann man sie, z. B., aus der *maximalen Entscheidungsmenge*

$$\mathscr{M}_f = \{x_f \in \mathscr{X} \mid m_D(x_f) \geqq m_D(x) \quad \text{für alle} \quad x \in \mathscr{X}\} \tag{3.78}$$

wählen. (Zur Bewertung solche Entscheidungsmengen können Unschärfemaße dienen; vgl. Abschnitt 5.1.)

Wenn jedoch die Komponenten C_i und G_j des Problems von *ungleicher* Wichtigkeit sind, dann ist eine Aggregation zu suchen, die diese Situation adäquat widerspiegelt. Eine Möglichkeit dazu ist die Festlegung von Gewichtsfunktionen α_i und β_j mit

$$\sum_i \alpha_i(x) + \sum_j \beta_j(x) = 1 \quad \text{für alle} \quad x \in \mathscr{X} \tag{3.79}$$

für die Bildung einer unscharfen Lösung $D(\alpha, \beta)$ mit

$$m_D(x; \alpha, \beta) = \sum_{i=1}^{n} \alpha_i(x)\, m_{C_i}(x) + \sum_{j=1}^{m} \beta_j(x)\, m_{G_j}(x). \tag{3.80}$$

Mit (3.79) erhält man eine Familie von Aggregationen *zwischen* nicht-interaktivem Durchschnitt und Vereinigung

$$\left(\bigcap_{i=1}^{n} C_i\right) \cap \left(\bigcap_{j=1}^{m} G_j\right) \subseteqq D(\alpha, \beta) \subseteqq \left(\bigcup_{i=1}^{n} C_i\right) \cup \left(\bigcup_{j=1}^{m} G_j\right), \tag{3.81}$$

die bereits recht gute Anpassungen an problemspezifische Zusammenhänge und fachwissenschaftliche Vorstellungen erlaubt. Jedoch sind auch andere Festlegungen interaktiver Aggregationen möglich und sinnvoll, wie etwa (2.86), (2.87) statt (2.66), darunter auch solche, die eine Interaktivität der zu den Komponenten gehörigen Variablen im Sinne von Abschnitt 3.3 berücksichtigen. Im folgenden bezeichne D die jeweilige unscharfe Lösungsmenge.

Wenn der Zugehörigkeitswert m_f in (3.78) sehr klein ist, so deutet das darauf hin, daß die Ziele und Nebenbedingungen in gewisser Weise widersprüchlich sind und keine zufriedenstellende Lösung erlauben. Für diesen Fall bieten Asai/Tanaka/Okuda (1975) ein Vorgehen an, das durch die Modellierung eines gewissen Toleranzverhaltens gegenüber den Komponenten des Optimierungsproblems in praktischen Fällen auch dann noch zu befriedigenden Lösungen führen kann. Dabei werden der Einfluß auf die Lösung und die Bedeutung jeder einzelnen Komponente betrachtet und entschieden, welche von ihnen im Zusammenhang mit dem vorliegenden konkreten Problem entschärft oder in ihrer Bedeutung herabgesetzt werden kann, etwa durch Erhöhung einer oberen Schranke oder durch Veränderung von Gewichtsfunktionen in (3.80).

Die Formulierung von Zielen und Nebenbedingungen als unscharfe Mengen hat eine generelle Bedeutung für die Entwicklung der Entscheidungstheorie und der Steuertheorie auf der Basis der Theorie unscharfer Mengen.

Zur Veranschaulichung der Vorgehensweise wird das *lineare Optimierungsproblem* mit nur einer Zielfunktion G, d. h.

$$G = \boldsymbol{g}^{\mathsf{T}}\boldsymbol{x} \doteq \min$$

$$\boldsymbol{A}\boldsymbol{x} \leqq \boldsymbol{b} \tag{3.82}$$

$$\boldsymbol{x} \geqq \boldsymbol{0} \quad \text{für} \quad \boldsymbol{x} \in \mathbb{R}^k$$

gewählt. Dabei sind die Vektoren $\boldsymbol{g} \in \mathbb{R}^k$, $\boldsymbol{b} \in \mathbb{R}^n$ und die $(n \times k)$-Matrix $\boldsymbol{A}$ gegeben. Während die Nichtnegativitätsforderung $\boldsymbol{x} \geqq \boldsymbol{0}$ in der Regel durch das reale Problem begründet ist, sind die weiteren Nebenbedingungen, die Beschränkungen $\boldsymbol{A}\boldsymbol{x} \leqq \boldsymbol{b}$, meist nur unscharf gemeint. Daher schlägt ZIMMERMANN (1976), (1978), (1985) vor, diese Schranken durch geeignete unscharfe Relationen „im wesentlichen kleiner oder höchstens gleich" zu ersetzen. Im einfachsten Fall geschieht dies durch lineare Zugehörigkeitsfunktionen auf dem Intervall $[b_i, b_i + d_i]$, wobei b_i die Komponenten von $\boldsymbol{b}$ und d_i die Komponenten eines gegebenen Vektors $\boldsymbol{d}$ sind, der angibt, um wieviel die Schranken b_i in (3.82) jeweils höchstens überschritten werden dürfen. Weiterhin wird vorgeschlagen, die Optimalitätsforderung durch die Forderung zu ersetzen, daß G eine gegebene Schranke g_0 möglichst unterschreitet. Diese Schranke kann z. B. aus dem Sachzusammenhang oder durch die Lösung des scharfen Optimierungsproblems für den „ungünstigsten Fall": $\boldsymbol{A}\boldsymbol{x} = \boldsymbol{b} + \boldsymbol{d}$, gewonnen werden. Auch die Beschränkung $G \leqq g_0$ wird als unscharfe Relation, z. B. durch eine lineare Zugehörigkeitsfunktion modelliert. Offensichtlich ist dieser Weg auch noch gangbar, wenn mehrere (lineare) Zielfunktionen vorliegen. Das Optimierungsproblem erhält so eine symmetrische Form, d. h. Ziel und Neben dingungen haben die gleiche mathematische

Struktur:

$$G \leqq g_0,$$
$$\boldsymbol{Ax} \lesssim \boldsymbol{b}, \boldsymbol{x} \geqq \boldsymbol{0}. \tag{3.83}$$

Die unscharfe Lösung D von (3.83) läßt sich nun in den eingangs geschilderten Weisen (3.77) oder (3.80) erhalten. Daraus ist gemäß (3.78) eine scharfe Lösung $\mathcal{M}_f$ ableitbar. Im Falle *durchweg linearer* Zugehörigkeitsfunktionen erhält man $\boldsymbol{x}_f \in \mathcal{M}_f$ direkt durch die Lösung eines scharfen linearen Optimierungsproblems:

$$\begin{aligned} &\lambda \doteq \max, \\ &\lambda \boldsymbol{d} + \boldsymbol{Ax} \leqq \boldsymbol{b} + \boldsymbol{d}, \\ &\lambda d_0 + \boldsymbol{g}^{\mathrm{T}}\boldsymbol{x} \leqq g_0 + d_0, \\ &\boldsymbol{x} \geqq \boldsymbol{0}, \end{aligned} \tag{3.84}$$

dabei ist d_0 die Überschreitungsschranke zu g_0.

Bei Verwendung nichtlinearer Zugehörigkeitsfunktionen können sich für die Bestimmung von $\boldsymbol{x}_f$ nichtlineare Optimierungsprobleme ergeben, die sich in gewissen Fällen auf lineare transformieren lassen (vgl. Geyer-Schulz (1986)).

Läßt sich die Optimalitätsforderung nicht durch eine Schrankenbedingung ersetzen, dann entsteht das Problem der Optimierung einer scharfen Funktion über einem unscharfen Bereich C, der durch die Nebenbedingungen C_i bestimmt ist, z. B. über $C = \bigcap_{i=1}^{n} C_i$ (Orlovsky (1977)).

Für jeden α-Schnitt $C^{\geqq\alpha}$ wird die Lösungsmenge

$$S(\alpha) = \left\{\boldsymbol{x} \in C^{\geqq\alpha} \mid G(\boldsymbol{x}) = \inf_{\boldsymbol{y} \in C^{\geqq\alpha}} G(\boldsymbol{y})\right\} \tag{3.85}$$

betrachtet und daraus die Lösung D mit

$$m_D(\boldsymbol{x}) = \begin{cases} \sup\limits_{\boldsymbol{x} \in S(\alpha)} \alpha & \text{für } \boldsymbol{x} \in \bigcup\limits_{\alpha>0} S(\alpha), \\ 0 & \text{sonst} \end{cases} \tag{3.86}$$

bestimmt. Für den unscharfen optimalen Funktionswert von G erhält man hieraus die Zugehörigkeitsfunktion

$$m_{G^*}(r) = \begin{cases} \sup\limits_{\boldsymbol{x} \in G^{-1}(r)} m_D(\boldsymbol{x}) & \text{für} \quad G^{-1}(r) \neq \emptyset \\ 0 & \text{für alle anderen} \quad r \in \mathbb{R}. \end{cases} \tag{3.87}$$

Die Lösungsmenge $S(\alpha)$ läßt sich dabei für alle $\alpha \in (0, 1]$ mit Methoden der parametrischen Optimierung aus

$$G(\boldsymbol{x}) \doteq \min,$$

$$\alpha \leqq m_i(\boldsymbol{x}) \tag{3.88}$$

berechnen. Für praktische Zwecke wird eine endliche Auswahl von α-Werten genügen. Weitere Vorschläge und Literatur s. ZIMMERMANN (1985).

Die Unsicherheit von $\boldsymbol{A}$ und $\boldsymbol{b}$ in (3.82) läßt sich prinzipiell durch Spezifizierung von unscharfen Zahlen berücksichtigen. Die Verknüpfung zu $\boldsymbol{Ax}$ müßte dann über die erweiterte Addition und Subtraktion realisiert und die Größerbeziehung ($\geqq$) entweder scharf gelassen oder durch eine passende unscharfe Beziehung ersetzt werden. Damit wären unscharfe Nebenbedingungen C_i spezifiziert, die — geeignet zu C zusammengefaßt — nach dem vorstehenden Konzept weiterbehandelt werden könnten (vgl. RAMIK/RIMANEK (1985)). Die Praktikabilität dieses Vorgehens hängt wesentlich von der Leistungsfähigkeit der verfügbaren Rechentechnik ab. Für Spezialfälle (Gleichungen als Nebenbedingungen und unscharfe Zahlen in L/R-Darstellung) gibt es einige Vorschläge für ein einfacheres Vorgehen bei DUBOIS/PRADE (1978), (1980).

Bei den dargestellten Verfahren zur Fuzzifizierung von Problemen der linearen Optimierung spielte die Linearität der Probleme nur für die numerische Behandlung der zu lösenden Optimierungsaufgaben (z. B. (3.84), (3.85)) eine Rolle. Prinzipiell können nichtlineare Optimierungsprobleme in analoger Weise behandelt werden. Allerdings kann der numerische Aufwand beträchtlich anwachsen.

Schließlich können auch Probleme aus der dynamischen Optimierung in dieser Weise fuzzifiziert und angegangen werden (s. z. B. DUBOIS/PRADE (1980), ZIMMERMANN (1985)). Jedoch wird gegenwärtig in diesen Fällen häufig die Optimierungsaufgabe durch eine linguistische Problembeschreibung und deren Behandlung mit Methoden des approximativen Schließens ersetzt, da sie u. U. eine besser überschaubare und rechentechnisch leichter realisierbare Lösung der ursprünglichen Aufgabe liefert, etwa wenn es sich um ein Problem optimaler Steuerung handelt (vgl. Abschnitt 4.2).

4. Linguistische Variable und deren Anwendung

4.1. Der Begriff der linguistischen Variablen

Im Gegensatz zur präzisen, meist quantitativ orientierten mathematischen Beschreibung natürlicher oder technischer Prozesse, in der genaue Werte von Prozeßparametern eine wesentliche Rolle spielen (oder zumindest genaue Werte einschließlich genauer Fehlerschranken), arbeiten umgangssprachlich orientierte Prozeß- und auch Handlungsbeschreibungen üblicherweise nicht mit genauen Werten für wichtige Prozeßgrößen, sondern begnügen sich mit — i. allg. jedermann verständlichen — „ungenauen“ Angaben solcher Werte. Man denke etwa an die in jedem Fahrschullehrbuch zu findenden Beschreibungen des Einordnens eines PKW in eine Parklücke parallel zur Fahrbahn — oder man denke an Kochrezepte, an Beschreibungen von Krankheitsbildern, an Qualitätseinschätzungen von wissenschaftlich-technischen Resultaten oder auch von Schweißnähten, an Hinweise zu energiesparenden Fahrweisen von Zügen und viele weitere Beispiele.

In fast allen derartigen Fällen werden für solche Prozesse wesentliche Werte, Anweisungen, Merkmale etc. unscharf angegeben. Die im Abschnitt 3.3 eingeführten unscharfen Variablen bieten ein natürliches Hilfsmittel, derartige qualitative Beschreibungen einer mathematischen Modellierung zugänglich zu machen. Dazu ist in jedem Einzelfalle natürlich für jede solche unscharfe Variable festzulegen, welches ihre (unscharfen) Werte sein dürfen — und von welchem Grundbereich dies unscharfe Teilmengen sein sollen.

Hinzu kommt nun, daß solche (unscharfen) Werte unscharfer Variabler benannt werden müssen, will man mit ihnen brauchbar operieren können. Anders aber als bei Zahlendarstellungen gibt es keine allgemein üblichen Benennungen unscharfer Mengen. Vom Bezug zur qualitativen Beschreibung von Prozessen, Handlungen etc. her liegt es dann nahe, die Werte solcher unscharfen Variablen unmittelbar mit umgangssprachlich üblichen Worten zu benennen — wobei allerdings genau zu klären ist, welche umgangssprachlichen Worte zur Benennung der zu betrachtenden unscharfen Werte zugelassen sind, und welche unscharfen Mengen den Wertebereich einer solchen konkreten unscharfen Variablen bilden sollen.

Die Entscheidung, die Benennung der Werte solcher unscharfen Variablen mittels umgangssprachlich üblicher Worte vorzunehmen, hat ZADEH (1975) schon bei der Einführung des Konzeptes der unscharfen Variablen veranlaßt, diese als *linguistische Variable* zu bezeichnen. Allerdings vermag diese Benennung der unscharfen Variablen zu täuschen: daß die Werte einer solchen Variablen mit umgangssprachlich üblichen Worten benannt werden, ist für den Charakter dieser Variablen ebenso unwesentlich, wie es für den Charakter einer reellen Variablen (in üblichen mathematischen Modellen) unwesentlich ist, ob deren Werte — also reelle Zahlen — im Dezimalsystem, im Dualsystem oder noch in einer anderen Art von Zahlendarstellung benannt werden.

Das Konzept der linguistischen Variablen gewinnt seine Attraktivität aus der Tatsache, daß mit Hilfe derartiger Variabler relativ leicht Grobmodelle von technischen Prozessen (fast) allein aus vorliegenden qualitativen Prozeßinformationen gebildet werden können. Ein wichtiges, bisher theoretisch jedoch ungelöstes Problem ist dann aber, welche konkreten unscharfen Mengen den in solchen qualitativen Informationen benutzten Worten, die Werte geeigneter linguistischer Variablen benennen (sollen), zuzuordnen sind. Derzeit kann man dem ein unscharfes Modell entwerfenden und aufbauenden Ingenieur oder Mathematiker i. allg. nur den — recht allgemeinen und daher wenig aussagekräftigen — Hinweis geben, daß er diese Werte „möglichst geschickt und dem Problem angepaßt" wählen muß.

Bemerkenswert am Konzept der linguistischen Variablen ist vor allem die zusätzliche, schon bei ZADEH (1975) zu findende Vorstellung, daß die Gesamtheit der Werte einer solchen linguistischen Variablen erzeugt werden kann ausgehend von gewissen grundlegenden Werten durch Anwendung von Operatoren im Bereich unscharfer Mengen, die in ihrer Wirkung einerseits den logischen Verknüpfungen durch „nicht", „und", „oder" und andererseits sprachlichen *Modifikatoren* wie z. B. „sehr", „mehr oder neniger" und deren Iterationen entsprechen. Die Konsequenz dieser Vorstellung ist, daß auch Benennungen der Werte einer linguistischen Variablen als mittels einer *generativen Grammatik* aus gewissen grundlegenden Namen erzeugbar unterstellt werden. Diese Idee ist verlockend, aber derzeit ist es erneut eine theoretisch weitestgehend ungeklärte Frage, wie die den modifizierenden Sprachpartikeln entsprechenden mengentheoretischen Operatoren definiert werden sollen. Für die logischen Verknüpfungen hat man dieses Problem nicht: sie werden durch — geeignete! — ihnen entsprechende mengenalgebraische Verknüpfungen zwischen den jeweiligen Werten linguistischer Variabler, also zwischen unscharfen Mengen, dargestellt, wie das folgende Beispiel zeigt.

Als Beispiel einer linguistischen Variablen wollen wir (etwa für den Kontext medizinischer oder psychologischer Modelle, aber evtl. auch zur Kennzeichnung des Verschleißzustandes technischer Aggregate) die einer Kenngröße „Alter" entsprechende Variable **Alter** wählen. (Einer häufig benutzten Konvention folgend bezeichnen wir die fragliche Variable mit dem in anderen Typen

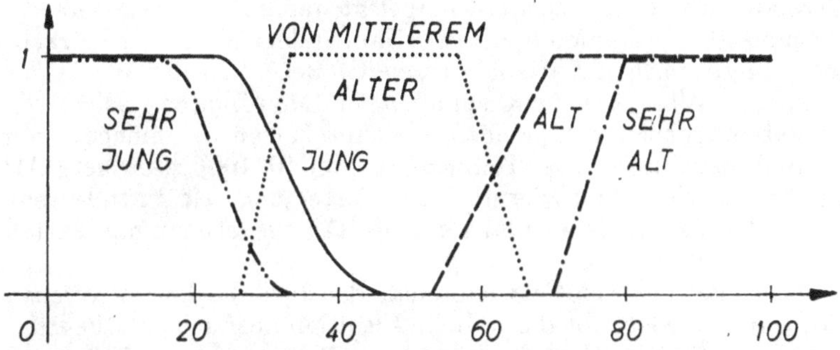

Abb. 11

geschriebenen Namen der Größe, für die sie steht.) Ihre Werte mögen — nach einer evtl. angemessenen Maßstabtransformation — unscharfe Teilmengen des reellen Intervalls [0, 100] sein. Dann kann] man etwa als grundlegende Werte die in Abb. 11 mit: **Jung**, **von mittlerem Alter**, **alt** bezeichneten unscharfen Mengen wählen.

Der Effekt logischer Verknüpfungen ist leicht beschreibbar. Bilden wir etwa den Wert **nicht alt**, so ist dies das Komplement der unscharfen Menge **alt**; ebenso bildet man z. B. den Wert **nicht von mittlerem Alter**. Der Wert **alt oder jung** ist entsprechend die Vereinigungsmenge der Werte **alt** und **jung**; analog ist der Wert **jung und nicht von mittlerem Alter** der Durchschnitt der unscharfen Menge **jung** und des Komplements der unscharfen Menge **von mittlerem Alter**. (Bei Durchschnitts- und Vereinigungsbildung ist dabei von vornherein festzulegen, in welchem Sinne diese Verknüpfungen zu verstehen sind (vgl. Abschnitt 2.3). Wenn nichts anderes gesagt wird, so wollen wir uns wie üblich dabei auf die Minimum- bzw. Maximumbildung der Zugehörigkeitswerte beziehen.)

Eine Modifizierungsmöglichkeit der Werte der Variablen **Alter** (oder wenigstens gewisser von ihnen!), die nicht einer logischen Verknüpfung entspricht, könnte — zunächst linguistisch — mittels **sehr** realisiert werden: Man könnte also zusätzlich zu den mittels logischer Verknüpfung bildbaren Werten auch Werte wie **sehr jung, nicht sehr alt, sehr sehr jung** zulassen. (Dagegen erscheint es vom inhaltlichen Verständnis her sinnvoll, Bildungen wie **sehr von mittlerem Alter, sehr (jung oder alt)** direkt zu verbieten oder wenigstens nicht zu benutzen; aber dies ist eine Feinheit, die hier nicht diskutiert werden soll: Die Realisierung solcher Verbote muß in den Regeln niedergelegt werden, die die generative Grammatik konstituieren, die die (Namen der) Werte der betrachteten linguistischen Variablen erzeugt.) Bezüglich der Werte der Variablen **Alter** hat dem sprachlichen Modifikator „sehr" ein Operator **sehr** zu entsprechen, der unscharfen Teilmengen von [0, 100] neue unscharfe Teilmengen von [0, 100] zuordnet. Als Ergebnisse der Modifizierung der Werte **jung, alt** mittels **sehr** wären dann etwa die ebenfalls in Abb. 11 angegebenen unscharfen Mengen denkbar.

Unser Beispiel zeigt noch einmal deutlich die beiden offenen Probleme: Weder gibt die übliche Intuition ausreichende Begründung etwa für die Wahl der unscharfen Mengen **jung** und **alt**, noch gibt sie ausreichende Information darüber, wie die unscharfen Mengen **jung** und **sehr jung**, bzw. analog **alt** und **sehr alt** funktional miteinander zusammenhängen sollten. Der von ZADEH (1975) betrachtete generelle Vorschlag, dem Modifizieren mit **sehr** immer das Quadrieren der Zugehörigkeitswerte entsprechen zu lassen, also z. B. für alle $x \in [0, 100]$ zu setzen,

$$m_{\mathsf{sehr\ alt}}(x) =_{\mathrm{def}} \big(m_{\mathsf{alt}}(x)\big)^2, \tag{4.1}$$

erscheint jedenfalls für obiges Beispiel (und analog für eine Reihe weiterer, ähnlicher Anwendungsbeispiele) nicht als ein akzeptabler Vorschlag: Würde dieser Ansatz doch dazu zwingen, wegen der sicher plausiblen Festlegung $m_{\mathsf{alt}}(70) = 1$ aus Abb. 11, also z. B. der Einstufung einer 70jährigen Person als alt mit dem Wert 1, auch die weit weniger plausible Einstufung $m_{\mathsf{sehr\ alt}}(70) = 1$ und sogar die wohl inakzeptable Folgerung $m_{\mathsf{sehr\ sehr\ alt}}(70) = 1$ zu akzeptieren. Daher ist in Abb. 11 anstelle von (4.1) eine Kombination von „Translation" der Zugehörigkeitsfunktion und Vergrößerung ihres Anstieges getreten (deren mathematische Realisierung hier sekundär ist und also nicht konkret fixiert zu werden braucht) als eine von verschiedenen Möglichkeiten.

Im allgemeinen muß jeder Anwender linguistischer Variabler

von Anwendungsfall zu Anwendungsfall festlegen, welche unscharfen Mengen seine grundlegenden Werte der betrachteten linguistischen Variablen sein sollen und welche (nichtlogischen) Modifizierungsmöglichkeiten — wenn überhaupt — zugelassen sein sollen, und wie diese mathematisch beschrieben werden sollen. In einfacheren Modellen, vor allem dann, wenn eine linguistische Variable evtl. nur sehr wenige Werte haben soll, wird man häufig auf solche Modifizierungsmöglichkeiten (weitgehend oder vollständig) verzichten.

Trotz dieses theoretischen Defizits ist die Benutzung linguistischer Variabler ein sehr vorteilhaftes Verfahren beim Entwurf von *Grobmodellen* mit Methoden der Theorie unscharfer Mengen. Ist man sich als Anwender dieser theoretischen Grenzen bewußt und registriert, an welchen Stellen beim Modellentwurf nur heuristisch begründete Festlegungen getroffen wurden, dann kennt man auch die Grenzen der Aussagefähigkeit des jeweiligen Modells und kann es sinnvoll nutzen. Der Gewinn gegenüber den üblichen, auf klassische Mathematik gestützten Modellbildungsverfahren besteht — wenigstens bei nicht zu einfachen Prozessen — in jedem Falle in einem stark vereinfachten, relativ leicht überschaubaren und noch flexiblen Modellansatz. Die im nächsten Abschnitt betrachteten unscharfen Regler belegen dies paradigmatisch.

4.2. *Unscharfe Regler*

Hier soll eine Vorgehensweise für den Entwurf von Grobmodellen genauer betrachtet werden, die in einer Reihe konkreter Anwendungsfälle (vgl. Abschnitt 4.5) ihre Nützlichkeit für Zwecke der automatisierten Regelung (sei es als Kontrolle oder als Steuerung) bereits unter Beweis gestellt hat. Sie bezweckt, einen mit Methoden der Theorie unscharfer Mengen entworfenen sog. *unscharfen Regler* als in direkter automatischer Prozeßkopplung oder im Mensch-Maschine-Dialog zu nutzendes Gerät zu realisieren. Beide Betriebsarten sind möglich, aber auch ihre Verbindung — etwa automatische Steuerung bei „Normalbetrieb" und Dialogsteuerung in „Extremsituationen".

Zwei grundlegende Ideen stellen die Hauptpunkte beim methodischen Ansatz für den Entwurf unscharfer Regler dar:

1. soll ein unscharfer Regler in der Lage sein, aus unscharfen Eingangsinformationen — i. allg. wieder unscharfe — Ausgangsinformationen zu erzeugen;

2. soll der Entwurfsprozeß i. allg. regelbasiert verlaufen und gestatten, evtl. nur qualitativ vorliegende Prozeß- oder Prozeßsteuerinformationen direkt zu verarbeiten, wie sie etwa als Arbeitsanweisungen für Bedienpersonal formuliert sein können.

Die erste dieser Ideen ist natürlich bei direkter automatischer Prozeßkopplung eines unscharfen Reglers nur sehr bedingt von Interesse: sie steht zwar in engem Zusammenhang mit Idee 2, die aktuell benutzten Meß- und Steuermechanismen liefern bzw. verarbeiten aber nur scharfe Daten — daher muß ein unscharfer Regler bei direkter Prozeßkopplung auch geeignet auf scharfe Eingangsinformationen reagieren und zugleich passend scharfe Ausgangsinformationen liefern können. Bei automatischer Prozeßkopplung gewinnt also Idee 2 Priorität gegenüber Idee 1; letzterer aber kommt entscheidende Bedeutung im Dialogbetrieb zu — eben weil es für den Menschen natürlich ist, aktuelle Prozeßgrößen (die evtl. aus technischen Gründen nicht gemessen werden können oder für die möglicherweise gar keine exakten quantitativen Meßskalen existieren) häufig nur qualitativ zu bewerten.

Die qualitativen Informationen, die entsprechend 2. konstitutiv für den Entwurf eines unscharfen Reglers sein sollen bzw. die er gemäß 1. zu verarbeiten in der Lage sein soll, werden über linguistische Variable zu erfassen sein. Regelbasiertheit entsprechend 2. soll dabei zusätzlich bedeuten, daß zur Anfangsphase des Entwurfes eines unscharfen Reglers eine Art „linguistisches Protokoll" gehören soll, das die relevanten Prozeß(steuer)informationen in Form von Regeln erfaßt, bei denen für den Prozeß bzw. seine Steuerung charakteristische zusammengehörende Werte zu beachtender Eingangs- und Ausgangsgrößen zusammengestellt werden.

Zentral ist weiterhin die Idee, daß für einen unscharfen Regler eine unscharfe Beziehung zwischen den Eingangs- und Ausgangsgrößen, also zwischen geeigneten Input- und Outputvariablen grundlegend ist: Durch den Prozeß selbst, dessen unscharfe Steuerung/Regelung Aufgabe des Reglers ist, wird diese unscharfe Beziehung vorgegeben.

Mathematisch wird entsprechend Abschnitt 3.3 die für einen unscharfen Regler konstitutive unscharfe Beziehung durch eine unscharfe Relation beschrieben. Für den Modellbildner bedeutet dies, daß für den Entwurf eines solchen Reglers nicht nur die (linguistischen) Input- und Outputvariablen mit ihren zugelassenen Werten festzulegen sind, sondern daß aus den qualitativen Prozeß(steuer)informationen auch eine unscharfe Relation zu gewinnen ist.

Da wie im Abschnitt 3.3 stets mehrere (Input- ebenso wie Output-) Variablen zu einer Variablen — mit entsprechend komplizierterem Grundbereich — zusammengefaßt werden können, reicht es für die weitere Diskussion aus, nur je eine (linguistische) Inputvariable u und Outputvariable v zu betrachten. Die qualitativ vorliegenden Prozeßinformationen können dann als System

$$\text{IF } u = A_i \text{ THEN } v = B_i, \quad i = 1, \ldots, n, \tag{4.2}$$

von *Kontrollregeln* der Form (3.51) dargestellt werden. (Im Prinzip könnten statt dessen auch Regeln der Form (3.57) oder von noch anderer Gestalt benutzt werden, aber üblicherweise wählt man Regelsysteme (4.2) und ersetzt eine Regel (3.57) durch mehrere Regeln (3.51).)

Wie im Abschnitt 3.3 angedeutet versteht man jede Kontrollregel von (4.2) als eine Wertzuweisung $v := B_i$, die durch eine Wertzuweisung $u := A_i$ hervorgerufen wird — und durch die die den unscharfen Regler konstituierende unscharfe Relation R gemäß Zuordnungsregel (3.50) bewirkt wird. Darüber hinaus soll ein unscharfer Regler aber auch in Situationen, d. h. für Werte $u = A$ der Inputvariablen anwendbar sein, die im System (4.2) nicht explizit berücksichtigt sind, also durch $A \neq A_i$ für $i = 1, .., n$ charakterisiert sind. Auch in solchen Fällen wird nun die durch (4.2) konstituierte unscharfe Relation benutzt, um einen Wert der Outputvariablen zum Inputwert $u = A$ festzulegen: Man setzt einfach

$$v := A \circ R. \tag{4.3}$$

Erst diese Festlegung (4.3) zusammen mit der Bestimmung von R durch das System (4.2) macht unscharfe Regler breit einsetzbar. Allerdings setzt (4.3) voraus, daß das System (4.2) „repräsentativ" für den betrachteten Prozeß ist in dem Sinne, daß es alle relevanten Prozeßinformationen berücksichtigt. Mathematisch bedeutet die Bestimmung eines unscharfen Reglers, daß die für ihn charakteristische unscharfe Relation R ausgehend vom zugehörigen System (4.2) von Kontrollregeln bestimmt wird. Dieses System (4.2) wird dabei als System

$$B_i = A_i \circ R, \quad i = 1, \ldots, n, \tag{4.4}$$

von Relationalgleichungen (3.52) mit A_i, B_i als gegebenen unscharfen Mengen betrachtet, das hinsichtlich der unscharfen Relation R zu lösen ist (vgl. Abschnitt 4.3).

Im Entwurfsprozeß eines unscharfen Reglers ist diese mathematische Aufgabe natürlich nur ein Teilproblem. Für den Modellbildner entscheidend sind zuvor schon die Festlegung der unscharfen Variablen u, v und ihrer Werte — und vor allem die Aufstellung des Systems (4.2) von Kontrollregeln. Bei diesem Reglerentwurf ist z. B. zu bedenken, ob der zu betrachtende Prozeß mittels eines unscharfen Reglers oder mittels mehrerer parallel arbeitender gesteuert/geregelt werden soll. Der Ansatz (4.2) mit je einer Input- und Outputvariablen ist prinzipiell immer möglich. Realisiert man jedoch auf einem Computer die nach (4.4) zugehörige unscharfe Relation R als Matrix und die Zuordnung (4.3) gemäß Zuordnungsregel (3.50) in der Form (3.53), dann kann die Zusammenfassung mehrerer (z. B. Output-) Variablen $v_1, \ldots, v_k$ zu einer einzigen $v = (v_1, \ldots, v_k)$ einen stark ansteigenden Speicherplatzbedarf bewirken. Nach (3.1) ist ja die Zeilenzahl l der Matrix R die Elementeanzahl des Grundbereiches $\mathcal{X}$ der Inputvariablen u, und die Spaltenzahl m die des Grundbereiches $\mathcal{Y}$ der Outputvariablen v. Ist demnach $v = (v_1, \ldots, v_k)$ eine „mehrdimensionale" unscharfe Variable und haben die Grundbereiche $\mathcal{Y}_j$, $j = 1, \ldots, k$, von v_j je die Elementeanzahl m_j, dann ist das Produkt $m = m_1 \ldots m_k$ die Spaltenzahl der Matrix R — und jeder Outputwert $v = B$ eine unscharfe Relation in $\mathcal{Y} = \mathcal{Y}_1 \times \cdots \times \mathcal{Y}_k$. Betrachtet man dagegen statt eines Reglers (mit der Outputvariablen v) k parallel arbeitende mit den Outputvariablen $v_1, \ldots, v_k$, dann haben die diese Regler beschreibenden Matrizen R_j, $j = 1, \ldots, k$, je die Spaltenzahl m_j. Der Elementezahl $l(m_1 \ldots m_k)$ von R steht (bei Parallelbetrieb) also die wesentlich geringere Anzahl $l(m_1 + \cdots + m_k)$ aller Elemente aller Matrizen $R_1, \ldots, R_k$ gegenüber.

Hat man für die zu entwerfende unscharfe Regelung nicht von vornherein k unabhängig zu behandelnde Ausgangsgrößen, also Outputvariable $v_1, \ldots, v_k$ (für die man k parallel arbeitende unscharfe Regler entwerfen kann), sondern nur eine Outputvariable v, so wird man prüfen, ob eine „Zerlegung" möglich ist. Diese Prüfung sollte man schon am System (4.2) vornehmen. Bedenkt man, daß für eine Outputvariable $v = (v_1, \ldots, v_k)$ alle Outputwerte B_i in (4.2) selbst unscharfe Relationen, also unscharfe Beziehungen zwischen $v_1, \ldots, v_k$ sind, so ist die entscheidende Bedingung für die Zerlegbarkeit eines Regelsystems (4.2) in unabhängige Systeme für $v_1, \ldots, v_k$, daß $v_1, \ldots, v_k$ bez. jeder der unscharfen Beziehungen $B_1, \ldots, B_n$ nicht-interaktive Variable sind, d. h. daß jede der unscharfen Relationen $B_1, \ldots, B_n$ separabel ist.

Dieser Zerlegungsstrategie ist schon eines der ersten (im Labormaßstab realisierten) konkreten Anwendungsbeispiele gefolgt, bei dem MAMDANI/ASSILIAN (1975) zur Steuerung einer Dampfmaschine durch eine unscharfe Regelung sowohl die Wärmezufuhr für die Dampferzeugung als auch die Ventilstellung für die Dampfzufuhr zur Dampfturbine geregelt haben (vgl. Abschnitt 4.5). Meist zeigt sich, daß ein derartiger Parallelbetrieb mehrerer unscharfer Regler bei mehreren zu steuernden Ausgangsgrößen außer dieser Speicherplatzeinsparung noch weitere rechentechnische Vorteile bringen kann — z. B. weil nicht jeder dieser parallel arbeitenden Regler schließlich alle Eingangsgrößen beachten muß.

4.3. Lösungen und Näherungslösungen von Relationalgleichungssystemen

Die Formulierung eines Kontrollregelsystems (4.2) als System (4.4) von Relationalgleichungen bewirkt, daß die Frage nach der Bestimmung einer (4.2) realisierenden unscharfen Beziehung zum Problem wird, eine unscharfe Relation zu bestimmen, die Lösung des Systems (4.4) ist.

Betrachtet man zunächst den einfachsten Fall nur einer Relationalgleichung

$$B = A \circ R \tag{4.5}$$

mit gegebenen unscharfen Mengen $A \in \mathfrak{F}(\mathcal{X})$, $B \in \mathfrak{F}(\mathcal{Y})$ und gesuchter unscharfer Relation $R \in \mathfrak{F}(\mathcal{X} \times \mathcal{Y})$, so kann man von deren Lösungsmenge

$$\mathfrak{R} = \{R \in \mathfrak{F}(\mathcal{X} \times \mathcal{Y}) \mid B = A \circ R\} \tag{4.6}$$

leicht zeigen, daß sie bez. Inklusion unscharfer Mengen ein sog. oberer Halbverband ist, d. h., es ist mit je zwei Lösungen R', R'' von (4.5) auch die Vereinigung $R' \cup R''$ Lösung von (4.5):

$$R', R'' \in \mathfrak{R} \Rightarrow R' \cup R'' \in \mathfrak{R}, \tag{4.7}$$

und $R' \cup R''$ ist die bez. $\subseteq$ kleinste R' und R'' umfassende Lösung von (4.5). Deswegen kann die Lösungsmenge $\mathfrak{R}$ höchstens ein bez. $\subseteq$ maximales Element, die *größte Lösung* von (4.5), wohl aber mehrere bez. $\subseteq$ minimale Lösungen enthalten.

Die Bestimmung minimaler Lösungen von (4.5), also bez. $\subseteq$ kleinster Elemente von $\mathfrak{R}$, ist nur gelegentlich diskutiert worden und i. allg. von geringerem Interesse als die Betrachtung der größten Lösung. Solche minimalen Lösungen untersuchen z. B. SANCHEZ (1977), SESSA (1984), DINOLA (1985). Wichtiger (und einfacher) ist die Betrachtung der größten Lösung von (4.5). Dazu muß eine neue mengenalgebraische Verknüpfung ⓢ für unscharfe Mengen betrachtet werden. Sie liefert, ausgehend von beliebigen unscharfen Mengen $A \in \mathfrak{F}(\mathcal{X})$, $B \in \mathfrak{F}(\mathcal{Y})$ eine unscharfe Relation $A ⓢ B \in \mathfrak{F}(\mathcal{X} \times \mathcal{Y})$, die definiert wird als

$$R := A ⓢ B : m_R(x, y) =_{\text{def}} \begin{cases} 1, & \text{wenn } m_A(x) \leqq m_B(y), \\ m_B(y), & \text{wenn } m_A(x) > m_B(y). \end{cases} \tag{4.8}$$

Damit erhält man nach dem Vorbild von SANCHEZ (1984) (vgl. auch GOTTWALD (1986a)) ein einfaches Lösbarkeitskriterium für Gleichung (4.5).

Satz 4.1: *Eine Relationalgleichung $B = A \circ R$ ist genau dann lösbar, wenn $A ⓢ B$ eine Lösung dieser Gleichung ist; und wenn $A ⓢ B$ eine Lösung dieser Gleichung ist, dann ist $A ⓢ B$ zugleich die bez. der Inklusion $\subseteqq$ größte Lösung.*

Wählen wir für ein Beispiel $\mathcal{X}$ als dreielementigen und $\mathcal{Y}$ als vierelementigen Grundbereich. Die unscharfen Teilmengen A_0 von $\mathcal{X}$ und B_0 von $\mathcal{Y}$ sollen durch die Vektordarstellungen

$$A_0 \triangleq (0{,}9; 1; 0{,}7), \quad B_0 \triangleq (1; 0{,}4; 0{,}8; 0{,}7) \tag{4.9}$$

gegeben sein. Dann ist nach (4.8) die unscharfe Relation

$$R_0 \triangleq \begin{pmatrix} 0{,}9 & 0{,}4 & 0{,}8 & 0{,}7 \\ 1 & 0{,}4 & 0{,}8 & 0{,}7 \\ 0{,}7 & 0{,}4 & 0{,}7 & 0{,}7 \end{pmatrix} \tag{4.10}$$

bez. $\subseteqq$ größte Lösung der Relationalgleichung $B_0 = A_0 \circ R$. Ebenfalls Lösung dieser Gleichung ist

$$R_1 \triangleq \begin{pmatrix} 0 & 0{,}4 & 0{,}8 & 0 \\ 1 & 0 & 0 & 0 \\ 0 & 0 & 0 & 0{,}7 \end{pmatrix}, \tag{4.11}$$

und zwar sogar eine bez. $\subseteqq$ minimale Lösung. Deswegen beschreibt jede Matrix, deren Elemente jeweils der Größe nach zwischen den entsprechenden Elementen von R_0 und R_1 liegen, auch eine Lösung der Gleichung $B_0 = A_0 \circ R$. Eine weitere Lösung dieser Gleichung ist

$$R_2 \triangleq \begin{pmatrix} 0 & 0 & 0 & 0{,}7 \\ 1 & 0{,}4 & 0{,}8 & 0 \\ 0 & 0 & 0 & 0 \end{pmatrix}. \tag{4.12}$$

Offenbar gelten $R_1 \subseteqq R_0$ und $R_2 \subseteqq R_0$; aber R_1 und R_2 sind bez. der Inklusion $\subseteqq$ unvergleichbar.

Auch für Systeme (4.4) von Relationalgleichungen gilt (4.7), wenn $\mathfrak{R}$ nun die Lösungsmenge von (4.4) bedeuten möge. Daher hat auch die Lösungsmenge $\mathfrak{R}$ eines Systems (4.4) ein bez. $\subseteqq$ maximales Element, falls überhaupt $\mathfrak{R} \neq \emptyset$ gilt, also System (4.4) lösbar ist. Und erneut hat $R \neq \emptyset$ i. allg. verschiedene bez. $\subseteqq$ minimale Elemente, also (4.4) bez. $\subseteqq$ unvergleichbare kleinste Lösungen.

Es bestehen aber nicht nur diese strukturellen Analogien zwischen den Lösungsmengen einzelner Gleichungen (4.5) und ganzer Systeme (4.4). Man kann auch ein dem obigen analoges Lösbarkeitskriterium beweisen (vgl. GOTTWALD (1984), (1986a)), das zudem noch eine Rückführung von Lösungen des Systems (4.4) auf größte Lösungen seiner einzelnen Gleichungen erlaubt.

Satz 4.2: *Ein System $B_i = A_i \circ R$, $i = 1, \ldots, n$, von Relationalgleichungen ist genau dann lösbar, wenn die unscharfe Relation*

$$C = \bigcap_{i=1}^{n} (A_i \circledcirc B_i)$$

Lösung dieses Systems ist; und wenn C Lösung des Systems $B_i = A_i \circ R$, $i = 1, \ldots, n$, ist, dann ist diese unscharfe Relation zugleich die bez. der Inklusion $\subseteqq$ größte Lösung.

Diese beiden Lösbarkeitskriterien liefern aber nur für den Fall interessante Informationen, daß eine Gleichung (4.5) bzw. ein System (4.4) überhaupt eine Lösung hat. Bei vielen praktisch wichtigen Systemen (4.2) von Kontrollregeln wird man jedoch zunächst in natürlicher Weise auf Gleichungssysteme (4.4) geführt, die nicht lösbar sind oder über deren Lösbarkeit man keine Informationen hat.

Daher interessieren Bedingungen, die die Lösbarkeit von Relationalgleichungssystemen (4.4) garantieren. Da Lösbarkeit von (4.4) bedeutet, daß die dafür konstitutiven Kontrollregeln (4.2) durch eine einheitliche unscharfe Beziehung vermittelt sein können, sich also nicht gegenseitig durch „Wechselwirkung" stören, bedeutet Lösbarkeit von (4.4) zugleich, daß das entsprechende Regelsystem (4.2) genau realisiert werden kann. Die Frage nach der Lösbarkeit eines Gleichungssystems (4.4) zerfällt in natürlicher Weise in zwei Fragen nach der Lösbarkeit der „Ungleichungs"-Systeme

$$B_i \subseteqq A_i \circ R, \quad i = 1, \ldots, n, \tag{4.13}$$

$$B_i \supseteqq A_i \circ R, \quad i = 1, \ldots, n. \tag{4.14}$$

Die als *Obermengeneigenschaft* von R bezeichnete Lösbarkeit von (4.13) ist relativ leicht zu garantieren: Eine hinreichende Bedingung für (4.13) ist, daß

$$\operatorname{hgt}(B_i) \leqq \operatorname{hgt}(A_i) \quad \text{für} \quad i = 1, \ldots, n \tag{4.15}$$

gilt. Dies ist insbesondere dann erfüllt, wenn man die inhaltlich naheliegende Forderung stellt, daß im System (4.2) alle Eingangs- und Ausgangsdaten A_i, B_i normalisierte unscharfe Mengen sein sollen.

Die als *Teilmengeneigenschaft* von R bezeichnete Lösbarkeit von (4.14) stellt ein schwierigeres Problem dar, für dessen Lösung nur relativ einschneidende hinreichende Bedingungen bekannt sind (vgl. Gottwald (1984a)). Die am einfachsten zu formulierende dieser hinreichenden Bedingungen ist die paarweise Disjunktheit der Eingangsdaten des Kontrollregelsystems (4.2):

$$A_j \cap A_k = \varnothing \quad \text{für alle} \quad 1 \leqq j < k \leqq n. \tag{4.16}$$

Diese Bedingung (4.16) ist eine für die Anwendungen sehr einschneidende Forderung. Aber auch alle anderen bei Gottwald (1984a) bewiesenen hinreichenden Bedingungen für die Teilmengeneigenschaft (4.14) sind nicht viel schwächer.

Damit ist die Methode, ein Regelsystem (4.2) in ein Gleichungssystem (4.4) zu übersetzen und die Lösung von (4.4) als die Realisierung von (4.2) durch eine unscharfe Beziehung zu nehmen, aber nicht ad absurdum geführt. Man darf sich nur nicht auf exakte Lösungen von (4.4) beschränken, sondern muß auch Näherungslösungen zulassen. Dies ist in enger Anlehnung an Satz 4.2 möglich, da als Verschärfung der folgende Satz gilt (vgl. Gottwald (1986a)).

Satz 4.3: *Für das System* (4.4) *von Relationalgleichungen ist die unscharfe Relation*

$$\hat{R} = \bigcap_{i=1}^{n} (A_i \circledS B_i)$$

nicht nur größte Lösung im Falle der Lösbarkeit von (4.4), *sondern $\hat{R}$ ist in jedem Falle eine besonders günstige Näherungslösung.*

Satz 4.3 ergab sich bei GOTTWALD (1986a) als Folgerung aus einem verallgemeinerten Lösbarkeitskriterium für Relationalgleichungssysteme. Ausgangspunkt war, die Aussage G: „es gibt eine Lösung von System (4.4)" in der Sprache eines geeigneten Systems mehrwertiger Logik zu formulieren und den Wahrheitswert von G zu bestimmen. Dazu erwies es sich als nötig, die im System (4.4) auftretende Gleichheitsbeziehung durch eine passende mehrwertige Verallgemeinerung zu ersetzen. Allerdings nicht durch die zu simple Version (2.105), sondern durch die aus (2.36) durch $A \equiv B =_{\text{def}} A \subseteq B \wedge B \subseteq A$ zu gewinnende Version. Dies ist eine sup-$*$-transitive unscharfe Äquivalenzrelation; und hinsichtlich des ihr durch (3.35) zugeordneten Abstandes ϱ_0 ist $\hat{R}$ optimale Lösung in dem Sinne, daß dafür die $*$-Verknüpfung (3.32) aller Abstände $\varrho_0(B_i, A_i \circ R)$, $i = 1, \ldots, n$, minimal wird. Die Abstandsfunktion ϱ_0 ergibt sich insgesamt für $C, D \in \mathfrak{F}(\mathcal{Y})$ zu

$$\varrho_0(C, D) = \sup_{\substack{y \in \mathcal{Y} \\ m_C(y) \neq m_D(y)}} (1 \mathbin{\dot{-}} \min \{m_C(y), m_D(y)\}), \tag{4.17}$$

hat also eine ungewohnte Form. Will man statt ϱ_0 die geläufigere Supremumnorm, d. h. den Tschebyscheff-Abstand

$$\varrho^*(C, D) = \sup_{y \in \mathcal{Y}} |m_C(y) - m_D(y)| \tag{4.18}$$

als Abstandsfunktion nehmen, hinsichtlich deren eine optimale Näherungslösung für System (4.4) gesucht ist, dann muß man in der Zuordnungsregel (3.50) und an weiteren Stellen oben die min-Verknüpfung durch die $*$-Verknüpfung ersetzen, um den Satz 4.3 geringfügig modifiziert wieder beweisen zu können. Für Details vergleiche GOTTWALD (1986a).

Näherungslösungen von System (4.4) lassen sich aber nicht nur im Sinne der Sätze 4.3 und 4.2 auffassen, d. h. als Forderung, (4.13) und (4.14) simultan erfüllt zu haben. Eine andere Möglichkeit ist, diese Bedingungen (4.13), (4.14) abzuschwächen, indem die unscharfen Mengen B_i in (4.13) stets durch unscharfe Mengen $\underline{B}_i \subseteq B_i$ und in (4.14) stets durch unscharfe Mengen $\overline{B}_i$ mit $B_i \subseteq \overline{B}_i$ ersetzt werden — danach aber wieder nach einer simultanen Lösung R der so abgeschwächten Bedingungen (4.13), (4.14) gefragt wird. WAGENKNECHT/HARTMANN (1986), (1986a) wählen diesen Weg und erhalten die *Toleranzmengen* $\underline{B}_i$, $\overline{B}_i$ dadurch, daß sie z. B. punktweise Toleranzen für die Zugehörigkeitswerte $m_{B_i}(y)$ für alle $y \in \mathcal{Y}$ und $i = 1, \ldots, n$, vorgeben:

$$c_i(y) \leqq m_{B_i}(y) \leqq d_i(y) \tag{4.19}$$

und damit die unscharfen Mengen $\underline{B}_i$, $\overline{B}_i$ definieren durch

$$m_{\underline{B}_i}(y) = c_i(y), \quad m_{\overline{B}_i}(y) = d_i(y) \quad \text{für alle} \quad y \in \mathcal{Y}. \tag{4.20}$$

Die Lösbarkeit des an die Stelle von (4.4) tretenden *Gleichungssystems mit Toleranzen*

$$\underline{B}_i \subseteqq A_i \circ R \subseteqq \overline{B}_i, \quad i = 1, \ldots, n, \tag{4.21}$$

hängt natürlich wesentlich von der Wahl der Toleranzen (4.19) ab: Erst eine günstige Wahl führt zur Lösbarkeit von (4.21). Indem man die Toleranzbereiche $[c_i(y), d_i(y)]$ genügend breit wählt, läßt sich Lösbarkeit von (4.21) immer erreichen. Je breiter diese Toleranzbereiche aber gewählt werden, um so ungenauer realisiert eine zugehörige Lösung R von (4.21) die ursprünglichen Regeln (4.2).

Da (4.15) die Obermengeneigenschaft (4.13) garantiert, kann man sogar immer dann $\underline{B}_i = B_i$ wählen in (4.21), wenn (4.15) erfüllt ist. Außerdem kann man die Relation $\hat{R}$ von Satz 4.3 stets benutzen, um Toleranzen (4.19) zu bestimmen, hinsichtlich deren (4.21) lösbar ist. Aber auch von $\hat{R}$ verschiedene Relationen geben solche Toleranzen.

Legt man nicht Wert auf eine möglichst günstige Näherungslösung, sondern begnügt sich mit einer evtl. schlechteren, aber leichter zugänglichen Näherungslösung (im Sinne einfacherer theoretischer Vorstellungen oder einfacherer Bestimmbarkeit), dann findet man neben

$$\hat{R} = \bigcap_{i=1}^{n} (A_i \circledcirc B_i)$$

weitere, einfache Varianten, um (4.2) eine unscharfe Relation R zuzuordnen, die vermöge der Zuordnungsregel (3.50) die durch (4.2) konstituierte unscharfe Beziehung beschreibt.

Eine sehr einfache Version, (4.2) eine solche unscharfe Relation R zuzuordnen, haben schon Mamdani/Assilian (1975) für das Labormodell eines unscharfen Reglers und seither viele andere Autoren benutzt. Betrachtet man zunächst den Fall $n = 1$ eines Regelsystems (4.2) mit nur einer Kontrollregel, dann könnte man sofort

$$R_1 = A_1 \otimes B_1, \tag{4.22}$$

also R_1 als kartesisches Produkt der unscharfen Mengen A_1, B_1 wählen und hat gemäß (3.50) für jedes $y \in \mathscr{Y}$:

$$D := A_1 \circ R_1 : m_D(y) = \sup_{x \in \mathscr{X}} \min \left\{ m_{A_1}(x), \min \{ m_{A_1}(x), m_{B_1}(y) \} \right\}$$

$$= \sup_{x \in \mathscr{X}} \min \{ m_{A_1}(x), m_{B_1}(y) \} = m_{B_1}(y), \qquad (4.23)$$

also

$$B_1 = A_1 \circ R_1, \qquad (4.24)$$

wenn man voraussetzt, daß (4.15), also hgt $(A_1) \geqq$ hgt (B_1) gilt. Entsprechend (4.22) kann man jeder Kontrollregel eines Systems (4.2) eine unscharfe Relation $R_i = A_i \otimes B_i$ zuordnen und versuchen, eine (4.2) zugeordnete unscharfe Relation R aus allen diesen „Anteilen" aufzubauen. Mamdani/Assilian (1975) wählen ausgehend von (4.22) als R die „Zusammenfassung"

$$R = \bigcup_{i=1}^{n} R_i = \bigcup_{i=1}^{n} (A_i \otimes B_i) \qquad (4.25)$$

und können so die gesuchte unscharfe Relation R direkt und sehr einfach aus den im konstituierenden System (4.2) angegebenen speziellen Eingangs- und Ausgangsdaten A_i, B_i bilden.

Der auf dieser Relation R basierende unscharfe Regler liefert entsprechend der Zuordnungsregel (3.50) zu einem beliebigen Inputwert $u := A$ den Outputwert $v := A \circ R$ mit

$$m_{A \circ R}(y) = \sup_{\substack{x \in \mathscr{X} \\ i=1,\ldots,n}} \min \{ m_A(x), m_{A_i}(x), m_{B_i}(y) \}. \qquad (4.26)$$

Statt wie Mamdani/Assilian (1975) dem Regelsystem (4.2) eine grobe Näherungslösung (4.25) des Gleichungssystems (4.4) zuzuordnen, oder auch in Verbindung mit solch einer Verfahrensweise, kann man weitergehend sogar das auf (3.50) basierende Zuordnungsverfahren (4.3) abändern. Holmblad/Østergaard (1982) haben dies in einem realen Anwendungsfall getan. Sie wählen statt (4.3) einen direkten Rückgriff auf das Regelsystem (4.2), der die explizite Bestimmung einer zugehörigen unscharfen Relation vermeidet. Um auch in diesem Falle die Absicht realisieren zu können, dem durch (4.2) konstituierten unscharfen Regler auf Inputwerte $u := A$ anwenden zu können, die in keiner der Regeln von (4.2) explizit als Werte der Inputvariablen u vorkommen, muß geklärt werden, wie die einzelnen Regeln von (4.2) auf einen beliebigen Inputwert $u := A$ „reagieren" sollen.

Für die im Rahmen der gewöhnlichen, „scharfen" mathematischen Modellierung diskutierten regelbasierten Systeme wird eine IF ... THEN-Regel nur dann anwendbar, wenn die im IF-Teil angeführte Bedingung wirklich erfüllt ist. Bei unscharfer Modellierung will und muß man aber auch den Fall betrachten, daß die im IF-Teil solch einer IF ... THEN-Regel (3.51) angeführte Bedingung nur „zu einem gewissen Grade" erfüllt ist. Dieser Grad, mit dem die im IF-Teil einer Regel (3.51) angegebene Bedingung bei beliebigem Inputwert erfüllt ist, soll zugleich der Grad sein, zu dem diese Kontrollregel beim Input A „aktiviert" wird.

Dieser Grad, zu dem die j-te Regel von (4.2) durch einen Input $u := A$ aktiviert wird, kann dann als Parameter genommen werden, um den Beitrag des in dieser Kontrollregel angegebenen Outputwertes B_j zum aktuellen Output $v := B$ des Reglers beim Input A zu bestimmen.

Sowohl für die Festlegung des Grades, zu dem ein Input A die j-te Kontrollregel (4.2) aktiviert, als auch für die Bestimmung des Outputs des durch (4.2) beschriebenen unscharfen Reglers aus allen „Aktivierungsgraden" aller Regeln von (4.2) durch den Input A und aus allen Kontrollregeloutputs B_j gibt es vielfältige Möglichkeiten. Hier soll nur die Variante betrachtet werden, die in dem von Holmblad/Østergaard (1982) beschriebenen unscharfen Regler gewählt worden ist.

Zunächst ergibt sich bei ihnen der *Aktivierungsgrad* der j-ten Kontrollregel von (4.2) bei einem Input A als „Übereinstimmungsgrad" der Werte $u := A$ und $u := A_j$, d. h. als ein Maß für die Gleichheit der unscharfen Mengen A und A_j. Speziell wählen Holmblad/Østergaard (1982) dafür den Parameter

$$\beta_j = \operatorname{hgt}(A \cap A_j) = \sup_{x \in \mathfrak{X}} \min \{m_A(x), m_{A_j}(x)\}. \qquad (4.27)$$

Die mit dem Grad β_j „aktivierte" j-te Kontrollregel liefert zum gesamten Output des unscharfen Reglers den Beitrag

$$C_j := \beta_j B_j : m_{C_j}(y) = \beta_j m_{B_j}(y) \quad \text{für alle} \quad y \in \mathcal{Y}, \qquad (4.28)$$

und alle diese Beiträge zusammengefaßt ergeben den Output $v := B$ des durch (4.2) konstituierten unscharfen Reglers zum Input $u := A$ als

$$B = \bigcup_{j=1}^{n} C_j = \bigcup_{j=1}^{n} \beta_j B_j$$

mit der Zugehörigkeitsfunktion

$$m_B(y) = \sup_{1 \leq j \leq n} \left(\sup_{x \in \mathcal{X}} \min \{m_A(x), m_{A_j}(x)\} \right) m_{B_j}(y). \tag{4.29}$$

Mit verallgemeinerten Klassentermen (2.37) und Bezug auf die sprachlichen Mittel mehrwertiger Logik kann die auf (4.2) basierende Zuordnung eines Outputwertes $v := B$ zu einem Inputwert $u := A$ für das Vorgehen von Mamdani/Assilian (1975) beschrieben werden durch die Formel

$$B = \left\{ y \in \mathcal{Y} \parallel \exists x \left(x \varepsilon A \wedge (x, y) \varepsilon \bigcup_{j=1}^{n} (A_j \otimes B_j) \right) \right\}, \tag{4.30}$$

während Satz 4.2 und der auf der optimalen Näherung im Sinne von Satz 4.3 basierenden Zuordnung die Formel

$$B = \left\{ y \in \mathcal{Y} \parallel \exists x \left(x \varepsilon A \wedge (x, y) \varepsilon \bigcap_{j=1}^{n} (A_j \circledast B_j) \right) \right\} \tag{4.31}$$

entspricht. Dabei bedeute die Konjunktion $\wedge$ immer die Minimumbildung. In beiden Fällen (4.30) und (4.31) ist B das (verallgemeinerte) unscharfe volle Bild einer unscharfen Menge bez. einer unscharfen Relation.

Der Ansatz (4.29) ordnet sich diesem Konzept nicht direkt unter. Wählt man aber, angeregt durch die Produktbildung in (4.28), statt (4.27) die Aktivierungsgrade

$$\gamma_j = \text{hgt}\,(A \bullet A_j), \tag{4.32}$$

wählt man also in (4.27) statt des Durchschnittes (2.66) den durch (2.86) definierten Durchschnitt unscharfer Mengen, dann tritt an die Stelle von (4.29) die Formel

$$B = \left\{ y \in \mathcal{Y} \parallel \exists x \left(x \varepsilon A \wedge (x, y) \varepsilon \bigcup_{j=1}^{n} (A_j \otimes B_j) \right) \right\}, \tag{4.33}$$

in der aber nun die direkt auftretende Konjunktion $\wedge$ ebenso wie die in der gemäß (2.103) aufgeschriebenen Definition von $A_j \otimes B_j$ indirekt auftretenden Konjunktionen als Produktbildung zu deuten sind. (Würde man übrigens in (4.28) die Produkt- durch die Minimumbildung ersetzen, dann würde sich (4.29) auf (4.26) reduzieren.)

Die Ansätze von Mamdani/Assilian (1975) und Holmblad/Østergaard (1982) hängen also eng zusammen; und (4.27) kann als eine Inkonsequenz des letzteren angesehen werden.

Die Vorgehensweise von Holmblad/Østergaard (1982) macht deutlich, daß man nicht gezwungen ist, den durch ein System (4.2) von Kontrollregeln konstituierten unscharfen Regler über die Anwendung der Zuordnungsregel (3.50) auf eine durch (4.2) festgelegte unscharfe Relation zu realisieren. An die Stelle von (3.50) können andere Zuordnungsfestlegungen treten, die einem beliebigen Inputwert $u := A$ einen Outputwert $v := B$ zuordnen, vermittelt über eine durch (4.2) festgelegte unscharfe Beziehung. Es gibt jedoch bisher außer dem Bezug auf (3.50) und dem durch (4.29) beschriebenen Vorgehen keine weiteren, erfolgreich angewendeten oder breiter diskutierten Zuordnungsfestlegungen.

Solange man eine derartige Zuordnungsfestlegung als Gleichungssystem der Art (4.4) — mit entsprechend umgedeuteten „Zuordnungsmechanismus" $\ldots \circ R$ — schreiben kann, wird man immer wieder wie oben mit dem Problem konfrontiert, dieses System zu lösen. Hat man dafür nur Näherungslösungen zur Verfügung (wie z. B. bei (4.25)) oder gelingt es nicht, den betrachteten „Zuordnungsmechanismus" in die Form der Lösung eines solchen Gleichungssystems zu bringen, dann ist man mit dem Problem konfrontiert, „wie gut" die aus (4.2) gewonnenen Zuordnungsfestlegungen die in (4.2) enthaltenen einzelnen Kontrollregeln realisieren.

Schreiben wir — unabhängig vom konkreten „Zuordnungsmechanismus" — $v := A \circ R$ für den Outputwert des durch (4.2) konstituierten unscharfen Reglers zum Input $u := A$, dann ist die Qualität dieses Reglers zunächst an der Realisierung der Kontrollregeln (4.2), d. h. an den Paaren $(B_i, A_i \circ R)$ für $i = 1, \ldots, n$ zu messen. Hat man unterschiedliche mit einem Regelsystem (4.2) verbundene unscharfe Relationen R, dann kann man auf solche Art eine „günstigste" unter ihnen auswählen. Hat man dagegen — wie z. B. in (4.25) — eine feste Vorschrift für die Bestimmung einer Näherungslösung von (4.4), dann kann man versuchen, Abänderungen von (4.2) zu formulieren, die qualitativ günstiger realisiert werden.

Gerade dieser letzte Effekt, die Schar von Daten $(B_i, A_i \circ R)$, $i = 1, \ldots, n$, zur „Verbesserung" des Kontrollsystems (4.2) zu nutzen, ist wiederholt diskutiert worden. Bedenkt man, daß die in (4.2) benutzten Input- und Outputdaten A_i, B_i häufig nur heuristisch gewonnene Beschreibungen linguistischer Werte der Input- bzw. Outputvariablen u, v sind, dann kann schon (u. U. geringfügige) Anpassung dieser Daten die Qualität verbessern, mit der der aus (4.2) konstruierte unscharfe Regler das System (4.2) realisiert. Bedenkt man ferner, daß (4.2) aus qualitativen Prozeßinformationen gewonnen sein kann, dann können sogar weitergehende Änderungen von (4.2) sinnvoll sein — etwa die Eliminierung einzelner Regeln.

Die einfachste Idee ist, ausgehend von einer Abstandsfunktion für unscharfe Mengen die Folge $\varrho(B_i, A_i \circ R)$, $i = 1, \ldots, n$, von Abständen zur Grundlage einer numerischen Charakterisierung der Qualität des auf (4.2) basierenden unscharfen Reglers zu machen — etwa durch Mittelwertbildung über alle diese Abstände $\varrho(B_i, A_i \circ R)$ oder einfach durch deren Summation. Gottwald/Pedrycz (1986) wählen dagegen einen (aus den theoretischen Betrachtungen im Umfeld des Beweises von Satz 4.3 resultierenden) Lösbarkeitsindex des (4.2) zugeordneten Gleichungssystems (4.4) und diskutieren damit „Verbesserungen" des Kontrollregelsystems (4.2). Die Datenschar $(B_i, A_i \circ R)$, $i = 1, \ldots, n$, kann auch mittels eines unscharfen Maßes (vgl. Abschnitt 5.3) und Integration bez. dieses Maßes (im Sinne eines Sugeno-Integrales) Anlaß zu einem Qualitätsindex für (4.2) geben — wobei man leicht sogar noch die Genauigkeit der Realisierung von (4.2) über unterschiedlichen Teilbereichen des Grundbereiches $\mathcal{Y}$ verschieden bewerten kann (vgl. Gottwald/Pedrycz (1986)). Ein weiterer Vorschlag (vgl. Gottwald/Pedrycz (1988)) geht von der Idee aus, die Datenschar $(B_i, A_i \circ R)$, $i = 1, \ldots, n$, als „Stichprobe" dafür anzusehen, in welchem Maße der aus (4.2) konstituierte unscharfe Regler die in (4.2) niedergelegten Intentionen realisiert. (Allerdings bleibt dabei offen, ob diese „Stichprobe" in einem präzisierbaren Sinne als repräsentativ gelten kann, wenn man gleich annehmen kann, daß (4.2) das wesentliche Verhalten des zu konstruierenden unscharfen Reglers repräsentiert.)

Man muß aber gar nicht unbedingt auf den aus (4.2) konstruierten Regler Bezug nehmen, um (4.2) bewerten zu können. Schon die einfache Überlegung, daß dann, wenn in verschiedenen Regeln von (4.2) „annähernd gleiche" Inputdaten auftreten, die zugehörigen Outputdaten nicht „zu verschieden" sein sollten, ermöglicht es, Regelsysteme (4.2) hinsichtlich einer intuitiv verstandenen Konsistenz zu testen — und evtl. zu verbessern (vgl. Gottwald/Pedrycz (1985)).

Keiner dieser Ansätze, unscharfe Regler und Kontrollsysteme — und damit letztendlich unscharfe Modelle — hinsichtlich ihrer Qualität zu bewerten, ist aber bisher allgemein akzeptiert. Der Anwender wird daher in jedem Falle auch ohne Rückgriff auf theoretische Stützen seine Modelle am realen Prozeß auf ihre Qualität und Einsatzfähigkeit zu testen haben.

4.4. Approximatives Schließen

Der im Abschnitt 4.2 diskutierte Entwurfsprozeß unscharfer Regler, der durch die Benutzung linguistischer Variabler und deren Verkettung in Kontrollregeln charakterisiert war, und der sich daran anschließende Prozeß der Übersetzung von Kontrollregelsystemen in unscharfe Relationen und der Verarbeitung beliebiger Eingangsinformationen unter Bezug auf die Zuordnungsregel (3.50) ist ein besonders einfacher Spezialfall des oft mit dem Entwerfen und Betreiben von Expertensystemen verbundenen Bedürfnisses, in sinnvoller Weise vielfach nur unscharf, d. h. „qualitativ" gegebene Informationen zu verarbeiten. Gerade bei nicht quantifiziertem und vielleicht (gegenwärtig) gar nicht quantifizierbarem Expertenwissen begegnet man dieser Situation sehr häufig.

Wird in (4.2) die Anzahl der Kontrollregeln auf eine reduziert, also $n = 1$ gesetzt, dann folgt die Arbeitsweise eines unscharfen Reglers mit einer Input- und einer Outputvariablen dem einfachen Schema

$$\begin{array}{l} \textsf{IF}\ u = A_1\ \textsf{THEN}\ v = B_1, \\ u = A \\ \hline v = B = A \circ R \end{array} \tag{4.34}$$

bei dem die unscharfe Relation R als durch A_1, B_1 bestimmt angenommen wird und $A_1 \circ R = B_1$ unterstellt wird. Offenbar ist Schema (4.34) dem üblichen Anwendungsschema der Abtrennungsregel in der Logik analog. Der neben der Benutzung linguistischer Variabler im Vorderglied $u = A_1$ und im Hinterglied $v = B_1$ der *unscharfen Implikation*

$$\textsf{IF}\ u = A_1\ \textsf{THEN}\ v = B_1 \tag{4.35}$$

wesentlichste Unterschied zu den üblichen Anwendungen der Abtrennungsregel ist, daß das Vorderglied dieser unscharfen Implikation (4.35), also die erste Prämisse des Schemas (4.34), nicht mit der zweiten Prämisse $u = A$ dieses Schemas übereinzustimmen braucht.

Diese Analogie einerseits, der erwähnte Unterschied andererseits sind Anlaß, das Schema (4.34) als *unscharfes Schlußschema* bzw. als *Schema eines approximativen Schlusses* zu bezeichnen.

Sowohl die Eingabe unscharfer Informationen als auch deren Verarbeitung z. B. bei Schlußfolgerungen als wichtiger Gesichtspunkt für Expertensysteme betreffen vor allem die mit solchen Expertensystemen gekoppelten Daten- und Wissensbasen sowie die zugehörigen Inferenzmechanismen. Deswegen muß das Schema (4.34) eines approximativen Schlusses als *ein* Beispiel für dem „Alltagsschließen" nahekommendes approximatives Schließen gelten. Insbesondere ZADEH (1978), (1978a), (1979), (1981), (1982), (1983), (1984) hat sich bemüht, eine umfassendere Theorie approximativen Schließens zu entwickeln. Obwohl sie noch viele offene Fragen hat, sollen einige ihrer Grundgedanken angedeutet werden.

Das Vorliegen unscharfer Informationen wird wieder durch linguistische Werte geeigneter Variablen erfaßt. Diese linguistischen Werte — und mit ihnen die Zugehörigkeitswerte zu unscharfen Mengen generell — erhalten jedoch eine neue Deutung: Es wird auf die im Abschnitt 3.3 erwähnte Auffassung der Zugehörigkeitswerte als Möglichkeitswerte zurückgegriffen. Dazu wird wieder vorausgesetzt, daß u, v Variable sind, die „eigentlich" als Wertebereiche die Grundbereiche $\mathcal{X}$, $\mathcal{Y}$ ihrer linguistischen Werte haben, deren jeweilige Werte aber nur unscharf, nur als „elastische Bedingungen" gegeben sind — und für die evtl. auch nur eine unscharfe Beziehung zwischen ihren Werten bekannt ist. Vorzügliche Aufgabe des *approximativen Schließens* ist es dann, in der Form solcher unscharfen Bedingungen und in der Form unscharfer Beziehungen vorliegende Informationen sinnvoll und sachgemäß zu verarbeiten, und zwar in einer dem Schließen beim „Alltagsdenken", das ja im täglichen Leben solche Informationen durchaus zu verarbeiten vermag, nahekommenden Weise.

Der dazu bei den bisher betrachteten Methoden approximativen Schließens eingeschlagene Weg ist, unscharfe Informationen und Beziehungen in die Form von Gleichungen zu bringen, die Möglichkeitszuordnungen für die „eigentlichen" Werte der zu betrachtenden Variablen u, v und für das Bestehen von (unscharfen) Beziehungen zwischen den Werten dieser Variablen angeben und miteinander verknüpfen.

Mit der Darstellung unscharfer Informationen als Möglichkeitszuordnungen (3.45), (3.49) für geeignete Variable ist erst die Voraussetzung für approximatives Schließen bereitgestellt, das ja das Verarbeiten und Kombinieren solcher Informationen leisten soll.

Ohne Anspruch auf Vollständigkeit unterteilt ZADEH die für approximatives Schließen konstitutiven Regeln in vier Gruppen:

(1) Modifizierungsregeln, (2) Verknüpfungsregeln, (3) Quantifizierungsregeln, (4) Qualifizierungsregeln.

Die *Modifizierungsregeln* betreffen den Fall, daß von einer unscharfen Information „$u = A$“ der in (3.45) betrachteten Form übergegangen wird zu einer unscharfen Information „$u = m\text{-}A$“. Dabei stellt $m\text{-}A$ eine Modifizierung von A dar, die durch — evtl. iterierte — Anwendung von Modifikatoren wie

$$\textsf{sehr, mehr-oder-weniger, annähernd, ...} \qquad (4.36)$$

sprachlich repräsentiert wird. Solche Modifizierungsregeln hätten daher im obigen, durch Abb. 11 veranschaulichten Beispiel aus Abschnitt 4.1 den Übergang von den durch **jung**, **alt** angegebenen unscharfen Mengen zu den unscharfen Mengen **sehr jung**, **sehr alt** zu regulieren. Für den Modifikator **sehr** gibt ZADEH (1973) als Standardvorschlag (4.1) und z. B. ZADEH (1975) für den Modifikator **mehr-oder-weniger** den analogen Vorschlag

$$m_{\textsf{mehr-oder-weniger-}A}(x) = \big(m_A(x)\big)^{1/2}, \qquad (4.37)$$

auf den die am Ansatz (4.1) in Abschnitt 4.1 geübte Kritik sinngemäß ebenfalls zutrifft. Allerdings ist es (wenigstens derzeit) nicht möglich, theoretische Begründungen für Ansätze zu geben, die statt (4.1), (4.37) benutzt werden sollten.

Wie oben schon erwähnt, müssen demnach die anstelle von (4.1), (4.37) tretenden und weitere Festlegungen hinsichtlich außerdem noch zugelassener Modifikatoren (4.36) in jedem Anwendungsfalle gesondert und für diesen Fall angepaßt gewählt werden.

Die *Verknüpfungsregeln* beziehen sich in erster Linie auf konjunktive, alternative sowie implikative Verknüpfungen unscharfer Informationen und auf deren Negation. Schema (4.34) ist schon Beispiel einer solchen Verknüpfungsregel. Die unscharfe Implikation (4.35) konstituiert wie bei den unscharfen Reglern eine unscharfe Relation R und damit analog zu (3.49) eine bedingte Möglichkeitszuordnung $\pi_{(v|u)}$ als

$$\pi_{(v|u)} = m_{A_1 \circledcirc B_1} = m_{(\bar{A}_1 \otimes X) + (Y \otimes B_1)} \qquad (4.38)$$

oder auch als

$$\pi_{(v|u)} = m_{(A \otimes B) \cup (\bar{A} \otimes Y)}, \qquad (4.39)$$

d. h., Ansätze wie (4.8), (3.55) zur Beschreibung unscharfer Implikationen (3.51) als unscharfe Relationen werden als Möglichkeitszuordnungen gedeutet.

Um von solch einer bedingten Möglichkeitszuordnung $\pi_{(v|u)}$ und einer Möglichkeitszuordnung π_u zu einer Möglichkeitszuordnung π_v zu gelangen, benutzt man wieder die Zuordnungsregel (3.50), setzt also

$$\pi_v = m_{A \circ R} \quad \text{bei} \quad \pi_u = m_A \quad \text{und} \quad \pi_{(v|u)} = m_R. \tag{4.40}$$

Im Falle konjunktiver bzw. alternativer Verknüpfung unscharfer Informationen der Formen „$u = A$“ und „$v = B$“ geht man jedenfalls zu gemeinsamen Möglichkeitszuordnungen für u, v über und läßt der unscharfen Informationen

$$u = A \quad \text{und} \quad v = B \tag{4.41}$$

die Möglichkeitszuordnung

$$\pi_{(u,v)} = m_{A \otimes B} = m_{(A \otimes Y) \cap (X \otimes B)} \tag{4.42}$$

und analog der unscharfen Information

$$u = A \quad \text{oder} \quad v = B \tag{4.43}$$

die Möglichkeitszuordnung

$$\pi_{(u,v)} = m_{(A \otimes Y) \cup (X \otimes B)} \tag{4.44}$$

entsprechen. Handelt es sich allerdings bei v um dieselbe Variable wie u, ist also (4.41) die unscharfe Information

$$u = A \quad \text{und} \quad u = B, \tag{4.45}$$

dann tritt an die Stelle von (4.42) die Möglichkeitszuordnung

$$\pi_u = m_{A \cap B} \tag{4.46}$$

und an die Stelle der (4.43) entsprechenden unscharfen Information

$$u = A \quad \text{oder} \quad u = B \tag{4.47}$$

die Möglichkeitszuordnung

$$\pi_u = m_{A \cup B}. \tag{4.48}$$

Sinngemäß in gleicher Weise verfährt man beim Negieren.

Sobald also verschiedene Variable zu betrachten sind, geht man zu gemeinsamen Möglichkeitszuordnungen über. Damit ist man mit dem Problem konfrontiert, für die Verarbeitung unscharfer Informationen (gemeinsame) Möglichkeitszuordnungen für zusammengefaßte Variable $u = (u_1, \ldots, u_k)$ und z. B. für einzelne Variable u_j miteinander in Einklang zu bringen. Das Prinzip dafür ist einfach und soll nur für $k = 2$ erläutert werden.

Will man durch

$$\pi_{(u,v)} = m_R \quad \text{für} \quad R \in \mathfrak{F}(\mathcal{X} \times \mathcal{Y}), \quad \pi_u = m_A \tag{4.49}$$

dargestellte Informationen koppeln, dann geht man von (4.49) über zur Möglichkeitszuordnung

$$\pi_{(u,v)} = m_{R \cap (A \otimes Y)} = m_{A \circ R}, \tag{4.50}$$

wendet also (4.40) an und hat so die beiden unscharfen Informationen aus (4.49) miteinander in Beziehung gesetzt.

Die *Quantifizierungsregeln* dienen der Verarbeitung unscharfer Anzahlaussagen, wie sie etwa durch Worte wie

viele, die meisten, fast alle, wenige, nicht sehr viele,
etwa 5, ... (4.51)

angezeigt werden. Auch hier wird wieder davon ausgegangen, daß eine unscharfe Information hinsichtlich einer (oder mehrerer) Variablen vorliegt, deren „eigentliche" Werte Zahlen sind. Dabei hat man gegebenenfalls noch zu beachten, daß solche unscharfen Anzahlaussagen teils auf absolute Zahlenangaben (etwa 5, viel mehr als 20, einige wenige, viele, ...) und teils auf relative Zahlenangaben (die meisten, fast alle, viele von, ein Großteil, ...) bezogen sind — aber diese Unterscheidung ist nicht allein aus den benutzten Worten zu entnehmen, dazu ist i. allg. der Kontext mit zu beachten. Einige typische Beispiele für unscharfe Anzahlaussagen seien angeführt:

— Sehr wenige produzierte Teile sind von geringer Qualität.
— Die meisten im Frühstadium entdeckten Tumore können geheilt werden.
— Viele Übergewichtige haben stark erhöhten Blutdruck.
— Relativ viele moderne PKW-Typen haben Vorderradantrieb.
— Nicht sehr viele LKW haben umweltfreundliche Dieselmotoren.

In vielen Fällen lassen sich solche unscharfen Anzahlaussagen in die Form

$$\mathsf{Q}\ N\text{'s sind } A \tag{4.52}$$

bringen, in der Q eine unscharfe Quantitätsangabe ist und A eine (i. allg. ebenfalls unscharfe) Eigenschaft der mit N benannten

Objekte. Natürlich müssen die mit N benannten Objekte — im obigen ersten Beispiel die produzierten Teile, im 2. Beispiel die Tumore — den Grundbereich $\mathcal{X}$ der unscharfen Mengen A bilden. (Dabei ist zugelassen, daß N jeweils auf Systeme von Objekten verweist, also $\mathcal{X}$ evtl. selbst ein kartesisches Produkt ist; dies kann z. B. der Fall sein in: Etwa die Hälfte der Studentenehepaare haben ihre Kinder am Hochschulort.) Zur Verarbeitung der unscharfen Information (4.52) beim approximativen Schließen muß (4.52) wieder in die Gestalt einer Möglichkeitszuordnung gebracht werden. Die zu betrachtende Variable u ist offenbar die (absolute bzw. relative) Anzahl der Objekte von $\mathcal{X}$ mit der Eigenschaft A — und dies ist gerade eine geeignet gewählte Kardinalität der unscharfen Menge $A \in \mathfrak{F}(\mathcal{X})$. Also wird (4.52) transformiert in eine Möglichkeitszuordnung

$$\pi_{\mathrm{card}(A)} = m_{\mathsf{Q}} \quad \text{bzw.} \quad \pi_{\mathrm{card}_{\mathcal{X}}(A)} = m_{\mathsf{Q}}, \tag{4.53}$$

wenn man zusätzlich vereinbart, daß die unscharfe Quantitätsangabe Q in (4.52) zugleich eine unscharfe Menge über einem geeigneten Grundbereich von Zahlen bedeuten soll.

Betrachten wir das erste der obigen Beispiele, dann wird über dem Grundbereich $\mathcal{X}$ aller (z. B. im Laufe eines Tages) produzierten Teile A die unscharfe Teilmenge aller Teile von geringer Qualität sein; als Möglichkeitszuordnung (4.53) ergibt sich dann

$$\pi_{\mathrm{card}(A)} = m_{\mathsf{sehr\text{-}wenige}}, \tag{4.54}$$

wenn man die Quantitätsangabe in diesem Satz absolut nimmt. Nach diesen vorbereitenden Schritten, (4.52) in die Form (4.53) zu bringen, kann man beginnen, konkrete Schlußschemata zu betrachten, in denen unscharfe Anzahlaussagen eine wesentliche Rolle spielen. Solche Schemata werden z. B. den gewöhnlichen Syllogismen analog sein; ein Beispiel repräsentiert der Schluß:

> Viele Übergewichtige haben stark erhöhten Blutdruck.
> Nicht wenige Übergewichtige sind Diabetiker.
>
> ---
>
> (?Q) Übergewichtige sind Diabetiker mit stark erhöhtem Blutdruck.

Hierbei zeigt (?Q) eine unscharfe Anzahlangabe an, die noch zu bestimmen ist oder durch ein allgemeines Schema, dem dieser Schluß untergeordnet ist, bestimmt sein muß. (Selbst der umgangssprachliche Gebrauch fixiert aber die „angemessenen" Varianten der Anzahlangabe (?Q) nicht eindeutig.) ZADEH (1983), (1985) diskutiert von derartigen Schlußtypen z. B. solche, deren Schemata die Formen haben

$$\begin{array}{ll} Q_1 & N\text{'s sind } M\text{'s} \\ Q_2 & M\text{'s sind } P\text{'s} \\ \hline (?Q) & N\text{'s sind } P\text{'s} \end{array} \qquad \begin{array}{ll} Q_1 & N\text{'s sind } A \\ Q_2 & N\text{'s sind } B \\ \hline (?Q) & N\text{'s sind } A \cap B \end{array} \tag{4.55}$$

und gibt Vorschläge für die „resultierenden" unscharfen Anzahlangaben (?Q). Wegen der Vielzahl der nun bildbaren Schlußschemata mit unscharfen Anzahlaussagen soll hier kein einzelnes herausgehoben werden, sondern generell auf die angegebenen Arbeiten von ZADEH verwiesen werden (die aber noch keine zusammenhängende Theorie repräsentieren). Wieder hat man hier übrigens das schon bei den Modifizierungsregeln erörterte Problem: Die Theorie vermag bisher nicht, überzeugende Begründungen für die in Schlußschemata wie (4.55) in den Konklusionen auftretenden unscharfen Anzahlangaben (als Funktionen der Anzahlangaben Q_1, Q_2 der Prämissen) zu liefern.

Die *Qualifizierungsregeln* schließlich betreffen zunächst den Fall, daß auch das Wahrsein von Aussagen linguistisch bewertet wird mit Termini wie

wahr, absolut falsch, nicht sehr wahr, ziemlich falsch, ..., (4.56)

also z. B. unscharfe Informationen wie:

Es ist ziemlich falsch,
daß sehr viele PKW Dieselmotoren haben. (4.57)

Die Termini (4.56) bezeichnen unscharfe Teilmengen der Menge [0, 1] der verallgemeinerten Zugehörigkeitswerte, die in diesem Falle direkt als verallgemeinerte Wahrheitswerte angesehen werden, und werden als *linguistische Wahrheitswerte* bezeichnet. Hat man etwa eine unscharfe Information „$u = A$" und ist $\tau \in \mathfrak{F}([0,1])$ solch ein linguistischer Wahrheitswert, dann kann man eine (4.57) entsprechende Wahrheitsqualifizierung von „$u = A$" ausdrücken als

$$(u = A) \text{ ist } \tau. \tag{4.58}$$

Um (4.57) wieder in die übliche Form einer unscharfen Information zu bringen, muß man eine zu (4.58) gleichwertige Aussage „$u = B$" finden, in der sich $B \in \mathfrak{F}(\mathcal{X})$ aus $A \in \mathfrak{F}(\mathcal{X})$ und $\tau \in \mathfrak{F}([0,1])$ ergibt. BELLMAN/ZADEH (1977) schlagen dafür den

Ansatz

$$\pi_u(x) = m_B(x) = m_\tau\big(m_A(x)\big) \quad \text{für alle} \quad x \in \mathscr{X} \tag{4.59}$$

vor, der sinngemäß auch auf kompliziertere Beispiele als (4.57) angewendet werden kann.

Linguistische Wahrheitswerte nutzen BELLMAN/ZADEH (1977) aber auch, um unscharfe Informationen relativ zu vorgegebenen anderen unscharfen Informationen zu bewerten. Ist z. B. für eine Variable u mit Werten aus $\mathscr{X}$ die unscharfe Information „$u = A$" gegeben, dann kann auf dieser Grundlage eine weitere unscharfe Information „$u = B$" bewertet werden. Dazu wird „$u = A$" gemäß (3.45), (3.49) als Möglichkeitszuordnung $\pi_u \doteq m_A$ für die (eigentlichen) Werte der Variablen u gelesen. Die Funktion $\pi_u: \mathscr{X} \to [0, 1]$ zwischen den Grundbereichen $\mathscr{X}$ von A, B und $[0, 1]$ des gesuchten linguistischen Wahrheitswertes τ gibt entsprechend dem Erweiterungsprinzip (2.101) die Möglichkeit, der unscharfen Menge B eine unscharfe Menge $\tau \in \mathfrak{F}([0, 1])$ zuzuordnen durch die Festlegung

$$m_\tau(z) = \sup_{\substack{x \in \mathscr{X} \\ z = \pi_u(x)}} m_B(x) = \sup_{\substack{x \in \mathscr{X} \\ z = m_A(x)}} m_B(x). \tag{4.60}$$

Geht man so vor, ist man nach der Bestimmung von $\tau \in \mathfrak{F}([0, 1])$ zusätzlich mit dem Problem der linguistischen Approximation konfrontiert, der Funktion $\tau: [0, 1] \to [0, 1]$ einen passenden Namen zu geben, d. h. τ geeignet als einen der gemäß (4.56) zugelassenen linguistischen Wahrheitswerte aufzufassen. Dies ist i. allg. aber selbst wieder nur näherungsweise möglich.

Neben die linguistische Bewertung des Wahrseins von Aussagen treten in gleicher Weise bei ZADEH (1978) linguistische Bewertungen ihrer Wahrscheinlichkeit und ihrer Möglichkeit, wie es die folgenden Formulierungen andeuten:

— Es ist sehr wahrscheinlich, daß Fieber und Kopfschmerzen einen grippalen Infekt bedeuten.
— Es ist weder sehr wahrscheinlich noch sehr unwahrscheinlich, daß eine Ehe in den ersten 10 Jahren ihres Bestehens geschieden wird.
— Die Möglichkeit ist gering, daß ein schlechter Schüler durch Abschreiben stets in schriftlichen Arbeiten gute Zensuren erhält.
— Die Möglichkeit ist hoch, daß eine stark überhöhte Geschwindigkeit im Straßenverkehr zu einem Unfall führt.

Erneut werden wie in (4.58) solche Qualifizierungen dargestellt als Möglichkeitsordnungen für geeignete Variable, vgl. Zadeh (1978a), (1979), Dubois/Prade (1985).

Die durch die Regelgruppen (1), ..., (4), die das approximative Schließen konstituieren, ermöglichten Umformulierungen unscharfer Informationen als Möglichkeitszuordnungen für die Werte geeigneter Variabler und die weiteren Methoden, solche Möglichkeitszuordnungen zu kombinieren, ergeben ein System von Verfahrensweisen zur Verarbeitung unscharfer Informationen. Das Hauptproblem, das derzeit noch mit sämtlichen hier diskutierten Methoden der Verarbeitung unscharfer Informationen verbunden ist, ist die Tatsache, daß alle diese Methoden nur heuristisch begründet sind und eine zwingende und klare theoretische Grundlage für sie fehlt. Das wirkt sich z. B. bei der Frage, welche Schemata etwa bei Verknüpfungsregeln oder auch bei Quantifizierungsregeln allgemein akzeptabel (also „logisch zwingend") sind, so aus, daß es darauf momentan weder eine klare, theoretisch begründete Antwort gibt, noch zu sehen ist, wie zu solch einer Antwort zu gelangen ist. Bei den Qualifizierungsregeln kommt hinzu, daß die linguistischen Bewertungen von Wahrheit, Wahrscheinlichkeit und Möglichkeit, auf die in diesen Regeln Bezug genommen wird, eine weit weniger klare intuitive Bedeutung haben als dies bei linguistischen Variablen der Fall ist, die z. B. bei der Modellierung technischer Prozesse benutzt werden (vgl. Abschnitt 4.5). Für den bisherigen Hauptanwendungsfall der unscharfen Regler ist dieses Problem der allein heuristischen Grundlage nicht so schwerwiegend: Man kann die Brauchbarkeit solch eines Reglers immer relativ leicht direkt am zu steuernden Prozeß testen. Will man aber die in diesem Abschnitt besprochenen Verfahrensweisen approximativen Schließens etwa in Expertensystemen einsetzen, dann sollte man von Fall zu Fall sich sehr genau überlegen, ob die jeweiligen Vorschläge für konkrete Verfahrensweisen auch mit den dadurch zu automatisierenden inhaltlichen Überlegungen im Einklang sind.

4.5. Anwendungsbeispiele für linguistische Variable und unscharfe Regler

Erste konkrete Anwendungen unscharfer Regler und damit auch linguistischer Variabler betrafen die Steuerung einfacher technischer Prozesse im Labormaßstab. Besonders gut und ausführlich dokumentiert ist die Steuerung einer Dampfmaschine bei Mamdani/Assilian (1975), deren Details wesentliche Prinzipien der Konstruktion unscharfer Regler verdeutlichen. Daher sollen sie hier etwas ausführlicher dargestellt werden.

Betrachtet wird eine Kombination von Dampfkessel und Dampfturbine, deren Laufregime gesteuert wird über die Wärmezufuhr zum Dampfkessel und die Dampfzufuhr zur Turbine. Dadurch zerfällt der unscharfe Regler für den Gesamtprozeß sofort in zwei parallel arbeitende Regler: einen für die Steuerung der Wärmezuführung zum Dampfkessel und einen für die Steuerung desjenigen Ventils, das die Dampfzufuhr zur Turbine reguliert. Es soll nur der unscharfe Regler für die Steuerung dieses Ventils nun genauer betrachtet werden. Seine Outputvariable ist die Änderung VÄ dieser Ventilstellung; seine Inputvariablen sind die Drehzahlabweichung DA der Dampfturbine von einem vorgegebenen Wert und die Änderung ÄDA dieser Drehzahlabweichung relativ zum letzten vorliegenden Meßwert. (Es wird eine diskontinuierliche Messung des Zustandes der Dampfmaschine unterstellt.) Alle die Variablen VÄ, DA, ÄDA werden als linguistische Variable betrachtet.

Die im Prinzip kontinuierlichen Grundbereiche dieser Variablen werden diskretisiert, und zwar für DA und ÄDA in je 13 und für VÄ in 5 äquidistante Punkte, die jeweils symmetrisch zu einem Nullpunkt liegen. Als linguistische Werte sind zugelassen: positiv groß (PG), positiv mittelgroß (PM), positiv klein (PK), negativ groß (NG), negativ mittelgroß (NM), negativ klein (NK) sowie ein Nullwert (NO) bzw. deren zwei (NO^-, NO^+), die geringe Abweichungen vom exakten Wert Null entweder nur ins Negative (NO^-) oder nur ins Positive (NO^+) tolerieren. Dabei wird der Wert NO für die Variable ÄDA genutzt und die Werte NO^-, NO^+ für die Variable DA; für die Variable VÄ sind nur PG, PK, NO, NK, NG zugelassen. Die Festlegung der Zugehörigkeitsfunktionen für die Werte der Variablen ÄDA gibt Tab. 1, die für die Variable VÄ die Tab. 2 (s. S. 112).

Die in beiden Tabellen auftretenden Benennungen PG, PK, ... bezeichnen also je unterschiedliche unscharfe Mengen. Für die Werte der Variablen DA geben Mamdani/Assilian (1975) eine zu Tab. 1 weitgehend ähnliche Tabelle an: Die mit PG, PM, NM, NG bezeichneten Werte stimmen dabei überein, während PK, NK jeweils voneinander abweichen.

Das Kontrollregelsystem (4.2) für den Regler, der das Dampfzufuhrventil steuert, der also (DA, ÄDA) als Inputvariable und VÄ

Tabelle 1
Linguistische Werte der Variablen ÄDA (alle Stellen ohne Eintragung bedeuten eine Null)

	−6	−5	−4	−3	−2	−1	0	+1	+2	+3	+4	+5	+6
PG										0,1	0,4	0,8	1
PM									0,2	0,7	1	0,7	0,2
PK								0,9	1	0,7	0,2		
NO						0,5	1	0,5					
NK			0,2	0,7	1	0,9							
NM	0,2	0,7	1	0,7	0,2								
NG	1	0,8	0,4	0,1									

Tabelle 2
Linguistische Werte der Variablen VÄ (alle Stellen ohne Eintragung bedeuten eine Null)

	−2	−1	0	+1	+2
PG				0,5	1
PK			0,5	1	0,5
NO		0,5	1	0,5	
NK	0,5	1	0,5		
NG	1	0,5			

Tabelle 3
Kontrollregelsystem für Dampfzufuhrsteuerung

	DA	ÄDA	VÄ
1	NG	nicht (NG oder NM)	PG
2	NM	PG oder PM oder PK	PK
3	NK	PG oder PM	PK
4	NO⁻	PG	PK
5	NO⁻ oder NO⁺	PK oder NK oder NO	NO
6	NO⁺	PG	NK
7	PK	PG oder PM	NK
8	PM	PG oder PM oder PK	NK
9	PG	nicht (NG oder NM)	NG

als Outputvariable hat, besteht aus 9 Regeln und ist in Tab. 3 kurz zusammengefaßt.

Die Diskretisierung der Grundbereiche (und die entsprechende Diskretisierung des Intervalls [0, 1] der Zugehörigkeitswerte), wie sie für die Darstellung in Tab. 1, 2 grundlegend war, ist in diesem Beispiel dadurch motiviert, daß die unscharfen Mengen PG, PM, PK, ... nur grob aus inhaltlichen Vorstellungen durch experimentelle Anpassung gewonnen worden sind. Die Beschreibung der linguistischen Werten entsprechenden unscharfen Mengen durch stetige Funktionen ist in Anwendungsfällen in gleicher Weise möglich. So betrachten z. B. ADLASSNIG/KOLARZ (1982) im Kontext medizinischer Diagnostik das Auftreten von Symptomen und deren Aussagekraft hinsichtlich von Krankheiten und charakterisieren sie durch linguistische Bewertungen über einer reellwertigen Skala [0, 100]. Dazu benutzen sie nach dem Muster der in Abschnitt 2.2 diskutierten parametrischen Ansätze für Zugehörigkeitsfunktionen zwei fundamentale Funktionstypen: die S-förmig verlaufende Funktion f_1 über [0, 100] mit 3 Parametern α, β, γ und der Definition

$$f_1(x; \alpha, \beta, \gamma) = \begin{cases} 0 & \text{für } x \leqq \alpha, \\ 2\big((x-\alpha)/(\gamma-\alpha)\big)^2 & \text{für } \alpha < x \leqq \beta, \\ 1 - 2\big((x-\gamma)/(\gamma-\alpha)\big)^2 & \text{für } \beta < x \leqq \gamma, \\ 1 & \text{für } \gamma < x \end{cases} \tag{4.61}$$

und die daraus gebildete glockenförmig verlaufende Funktion f_2 über [0, 100] mit nur 2 Parametern α, β und der Definition

$$f_2(x; \alpha, \beta) = \begin{cases} f_1(x; \beta-\alpha, \beta-\alpha/2, \beta) & \text{für } x \leqq \beta, \\ 1 - f_1(x; \beta, \beta+\alpha/2, \beta+\alpha) & \text{für } x > \beta. \end{cases} \tag{4.62}$$

Als linguistische Werte treten bei ihnen u. a. auf **immer**, **fast immer**, **oft**, **unspezifisch**, **selten** mit den Zugehörigkeitsfunktionen

$$\begin{aligned} m_{\text{immer}}(x) &= f_1(x; 97, 98, 99), \\ m_{\text{fast immer}}(x) &= f_1(x; 80, 85, 90), \\ m_{\text{oft}}(x) &= f_1(x; 40, 60, 80), \\ m_{\text{unspezifisch}}(x) &= f_2(x; 20, 50), \\ m_{\text{selten}}(x) &= 1 - f_1(x; 20, 40, 60). \end{aligned} \tag{4.63}$$

Ob man die Werte linguistischer Variabler durch diskrete oder kontinuierliche Zugehörigkeitsfunktionen beschreibt, ist also stark vom jeweiligen Anwendungsfall abhängig und soll weiterhin nicht gesondert betrachtet werden. Dagegen ist interessant zu registrieren, in wie unterschiedlichen Anwendungsbereichen linguistische Variable im Kontext der Bildung unscharfer Modelle, d. h. von Modellen, die unscharfe Mengen wesentlich benutzen, erfolgreich eingesetzt worden sind.

Für Probleme medizinischer Diagnostik ist dies außer bei ADLASSNIG/KOLARZ (1982) z. B. bei SAITTA/TORASSO (1981) und LESMO/SAITTA/TORASSO (1982) der Fall, die u. a. mögliche Ursachen für Herzerkrankungen und Albumin-Konzentrationen linguistisch bewerten, sowie in unterschiedlichen Situationen beispielsweise bei MOON et al. (1977), CERUTTI/PIERI (1981), TUSCH (1981), ADLASSNIG (1982), KRUSINSKA/LIEBHART (1986). Kosten-Nutzen-Analyse mit linguistischen Variablen treiben NEITZEL/HOFFMAN (1980), ein sozialpsychologisches Modell diskutiert KICKERT (1979), ein System der Risikoanalyse beschreibt SCHMUKKER (1984) und allgemeinere quantitative Analysen untersucht WENSTØP (1980), der in WENSTØP (1975) schon solcherart Organisationsstrukturen diskutiert hatte. Linguistische Werte zur Benennung der Intensitätstypen von Erdbeben benutzen LIU/WANG/CHEN (1985) und solche Werte für Zerstörungsgrade allgemein OGAWA/FU/YAO (1985).

Diese vielfältige Nutzbarkeit linguistischer Variabler für sehr unterschiedliche Anwendungsbereiche, zu denen neben zahlreichen weiteren Varianten vor allem noch die Modellierungen technischer Prozesse hinzukommen (s. unten), war Anlaß, den Gebrauch linguistischer Variabler und weitergehend den Bezug auf Ansätze approximativen Schließens schon (in unterschiedlich ausführlicher Form) in Daten- und Wissensbanksystemen und darauf basierenden Inferenzsystemen zu implementieren; einige parallel dafür erarbeitete Ansätze beschreiben ZEMANKOVA-LEECH/KANDEL (1984), (1985), BALDWIN (1985) und BALDWIN/BALDWIN/BROWN (1985), UMANO (1985) sowie BORISOV et al. (1982) und ALEXEYEV (1985).

Für die Modellierung technischer Prozesse sind linguistische Variable vor allem interessant, weil mit Bezug auf solche Variable übliche „informale" Prozeßbeschreibungen bzw. Steueranweisungen sehr direkt in eine für Automatisierungszwecke handhabbare Form gebracht werden können. Ist in nichttechnischen Anwendungen die Benutzung linguistischer Variabler nur gelegentlich mit der direkten Formulierung von Regeln der Art (3.51) oder (3.57) verbunden, wie etwa bei LESMO/SAITTA/TORASSO (1982) im

Zusammenhang mit medizinischer Diagnostik, so ist deren Nutzung im Rahmen des Entwurfs bzw. Betriebes eines auf solchen Regeln basierten unscharfen Reglers bei technischen Anwendungen ein sehr häufiger Fall, aber nicht nur in diesem Kontext anzutreffen; vgl. etwa HANSEL/STRAUBE (1980), HANSEL/OPPERMANN/STRAUBE (1983) und POSPELOV (1986).

Schon früheste Anwendungsstudien etwa von MAMDANI/ASSILIAN (1975), KICKERT/VAN NAUTA LEMKE (1976), PAPPIS/MAMDANI (1977), LARSEN (1980) nutzen bzw. diskutieren dieses in Abschnitt 4.2 beschriebene Konzept eines unscharfen Reglers, das in dem von HOLMBLAD/ØSTERGAARD (1982) beschriebenen Regler für den Zementbrennprozeß erfolgreiche großtechnische Realisierung fand.

Überhaupt sind chemische Prozesse u. a. wegen ihrer Komplexität, der Unmöglichkeit der Messung aktueller Prozeßparameter oder wegen Echtzeitanforderungen, denen ein präziseres und daher komplizierteres Modell nicht zu entsprechen vermag, oft betrachtete Kandidaten für unscharfe Regelungen/Steuerungen. So sind außer dem erwähnten Zementbrennprozeß u. a. mit unscharfen Methoden modelliert worden Hochtemperaturprozesse bei der Karbidproduktion von WEISZ/HÖRIG/SCHÜTTE (1983) und Wärmeaustauschersysteme von ZEISING/WAGENKNECHT/HARTMANN (1985), der An- und Abfahrprozeß von Pyrolyseöfen bei AHNERT (1986) — hier war eine Analyse des Produktionsprozesses der entsprechenden Pyrolyseanlage mit Mitteln der unscharfen Klassifikation bei BÖHME (1983) vorangegangen — oder waren zumindest solche Prozesse Anlaß, wie z. B. Probleme der Äthylenproduktion für SCHÜTTE (1987). Aber auch lebensmittelchemische Prozesse wie das Brotbacken bei BRETSCHNEIDER (1988), ökologische Fragen zur Wasserführung von Flüssen z. B. bei ARENDT/STRAUBE/HANSEL (1979) und zur Wasserreinhaltung bei YAGISHITA/ITOH/SUGENO (1985), Probleme der Regionalplanung und psychologischen Diagnose (vgl. STRAUBE (1986)) sowie generell die qualitative Behandlung dynamischer Systeme, die mittels Lotka-Volterra-Gleichungen analytisch behandelbar erscheinen (vgl. PESCHEL/STRAUBE/MENDE (1986)) sind mittels unscharfer Regler diskutiert und erfolgreich gesteuert worden.

Ähnlich verhält es sich mit den unterschiedlichen technischen Prozessen außerhalb des Gebietes chemischer Verfahren. Die große Vielfalt solcher Prozesse hat zu entsprechend vielfältigen Anwendungen unscharfer Regler geführt, bei denen sich jedoch gewisse Schwerpunktbereiche herausgebildet haben. Dazu gehören u. a.

Probleme der Steuerung von Kraftmaschinen wie Elektro- bzw. Dieselmotoren bei KISZKA/GUPTA/NIKIFORUK (1985), MURAYAMA et al. (1985) oder eines 210 MW-Dampferzeugers bei RAY/DUTTA MAJUMDER (1985); dazu gehören Fragen der Robotersteuerung z. B. für einen Bogenschweißroboter bei LAKOV (1985) und für Roboterarme etwa bei SCHARF/MANDIC (1985), HIROTA/YOSHINORI/PEDRYCZ (1985) sowie HIROTA/ARAI/HACHISU (1986); und dazu gehören auch Probleme des Transport- und Verkehrswesens wie Umschlagprozesse bei YASUNOBU/HASEGAWA (1986), die Steuerung des Modells eines Straßenfahrzeuges bei SUGENO/NISHIDA (1985) bzw. die eines Schiffes durch eine Meerenge bei RAMAN/KERRE (1985), die Steuerung des Landeanfluges eines Flugzeuges bei LARKIN (1985) und auch die automatische Steuerung von Zügen bei YASUNOBU/MIYAMOTO (1985).

Die Vielfalt von Anwendungen und Anwendungsversuchen, die keineswegs eine vollständige Aufzählung darstellt, zeigt die Attraktivität, die unscharfe Regler und die Benutzung linguistischer Variabler für den praktischen Einsatz haben. Weder sind aber mit den angedeuteten Einsatzgebieten alle Möglichkeiten erfaßt, noch kann man voraussetzen, daß nur das in Abschnitt 4.2 besprochene Konzept des unscharfen Reglers in allen Fällen das (allein) geeignete Mittel sein wird, mit unscharfen Mengen und darauf beruhenden Methoden Prozesse zu steuern bzw. zu modellieren. Die in Abschnitt 3.4 vorgestellten Clusterverfahren mit den sich daraus ergebenden unscharfen Klassifikationen bilden insbesondere für Diagnoseprobleme eine weitere attraktive Methode des Arbeitens mit unscharfen Mengen. Aber auch noch andere Grundprinzipe können zu erfolgreichen Anwendungen führen — etwa unscharfe Petri-Netze (als spezielle unscharf bewertete Graphen) bei LIPP (1980) und LIPP/GUENTHER (1986).

5. Maßtheorie und unscharfe Mengen

5.1. *Unschärfemaße*

Während nach der Spezifizierung einer unscharfen Menge A für jedes Element x des Grundbereiches $\mathcal{X}$ die *lokale* Unschärfe $m_A(x)$ gegeben ist, zur Menge A zu gehören, so ist damit noch nichts über die *globale* Unschärfe der Menge A ausgesagt: die globale Einschätzung nämlich, wie unscharf die Menge als Ganzes festgelegt wurde. Für die Wahl von Mengenfunktionen zur Bewertung dieser globalen Unschärfe sind im wesentlichen *drei* Zugänge bekannt, die sich darin unterscheiden, (a) welches Mengensystem den *Bezugspunkt* der Bewertung abgeben soll; (b) welche Mengen als *unschärfste* angesehen werden sollen; (c) wie die Mengen bez. ihrer Unschärfe *vergleichbar* sein sollen. Außerdem muß bei der Konstruktion und den Eigenschaften der Mengenfunktionen wegen der einzusetzenden mathematischen Mittel und Methoden der Fall eines *endlichen* von dem eines *nichtendlichen* Grundbereiches unterschieden werden.

Als sogenanntes *Entropiemaß* (im Sinne von DeLuca/Termini (1979)) soll das Unschärfemaß F die *Abweichung vom Typ der scharfen Menge* angeben (a). Alle scharfen Mengen erhalten daher einen gemeinsamen festen Wert, o. B. d. A. den Wert Null:

$$m_A : \mathscr{X} \to \{0, 1\} \Rightarrow F(A) = 0. \tag{5.1}$$

Als *unschärfste Menge* (b) soll diejenige angesehen werden, bei der für *jedes* Element $x \in \mathscr{X}$ die Zugehörigkeit und die Nichtzugehörigkeit gleichgradig möglich ist:

$$m_U : \mathscr{X} \to \{1/2\} \Rightarrow F(U) = \max. \tag{5.2}$$

Schließlich sollen zwei unscharfe Mengen A und B miteinander *vergleichbar* sein (c), wenn die eine mit ihren Zugehörigkeitswerten *näher* an den Werten $\{0, 1\}$ der vollen Zugehörigkeit bzw. Nichtzugehörigkeit liegt als die andere:

$$\begin{matrix} m_A(x) \leqq m_B(x) & \text{falls} & m_B(x) < 1/2 \\ m_A(x) \geqq m_B(x) & \text{falls} & m_B(x) > 1/2 \end{matrix} \Rightarrow F(A) \leqq F(B). \tag{5.3}$$

Man nennt A auch eine *Verschärfung* von B.

Bei seinen Überlegungen zur Konstruktion von Mengenfunktionen, die (5.1) bis (5.3) erfüllen, ging Yager (1979/1980) davon aus, daß für *echt unscharfe* Mengen der Durchschnitt $C := A \cap \bar{A}$ von der leeren Menge $\emptyset$ verschieden ist, während für scharfe Mengen bekanntlich $A \cap \bar{A} = \emptyset$ gilt. Daher ist z. B. card C als Unschärfemaß für A geeignet. Mit

$$\begin{aligned} m_C(x) &= \min\{m_A(x), 1 - m_A(x)\} \\ &= \big(m_A(x) + (1 - m_A(x)) - |m_A(x) - (1 - m_A(x))|\big)/2 \\ &= \big(1 - |m_A(x) - (1 - m_A(x))|\big)/2 \end{aligned} \tag{5.4}$$

erhält man für *endliches* $\mathcal{X}$

$$\operatorname{card} C = \sum_{x \in \mathcal{X}} \bigl(1 - |m_A(x) - (1 - m_A(x))|\bigr)/2. \tag{5.5}$$

Nach Division durch die Konstante (1/2) card $\mathcal{X}$ erhält man das auf den Maximalwert 1 normierte Entropiemaß (auch *Unschärfeindex* genannt)

$$F_{11}(A) = 1 - \sum_{x \in \mathcal{X}} |m_A(x) - (1 - m_A(x))| / \operatorname{card} \mathcal{X}. \tag{5.6}$$

Die Summe in (5.6) läßt sich als ***Abstand*** der beiden Mengen A und $\bar{A}$ deuten, man nennt ihn den Hamming-Abstand $\varrho_1(A, \bar{A})$ und schreibt

$$F_{11}(A) = 1 - \varrho_1(A, \bar{A}) / \operatorname{card} \mathcal{X}. \tag{5.7}$$

Man könnte z. B. auch den entsprechenden Euklid-Abstand

$$\varrho_2(A, \bar{A}) = \Bigl(\sum_{x \in \mathcal{X}} \bigl(m_A(x) - (1 - m_A(x))\bigr)^2\Bigr)^{1/2} \tag{5.8}$$

verwenden oder allgemeiner einen Abstand ϱ_p, der eine Potenz p an Stelle von 2 zur Abstandsmessung enthält.

Da andererseits für den (1/2)-Schnitt $A^{\geqq 1/2}$

$$\min \{m_A(x), 1 - m_A(x)\} = |m_A(x) - m_{A^{\geqq 1/2}}(x)|$$

gilt, erhält man mit

$$F_{11}(A) = 2 \cdot \varrho_1(A, A^{\geqq 1/2}) / \operatorname{card} \mathcal{X} \tag{5.9}$$

eine äquivalente Darstellung von (5.7).

Weiterhin könnte man als Unschärfemaß auch ein Analogon zur Shannonschen Entropie für unscharfe Mengen verwenden

$$F_{12}(A) = -c \sum_{x \in \mathcal{X}} \bigl(m_A(x) \ln m_A(x) - (1 - m_A(x)) \ln (1 - m_A(x))\bigr), \tag{5.10}$$

was DeLuca/Termini zur Namensgebung veranlaßt hat.

Schließlich sei auf das sehr einfache Unschärfemaß

$$F_{13}(A) = \max_{x \in \mathcal{X}} \min \{m_A(x), 1 - m_A(x)\} = \operatorname{hgt} (A \cap \bar{A}) \tag{5.11}$$

(vgl. (2.11)) hingewiesen. Während jedoch die Entropiemaße F_{11} und F_{12} die punktweise Unschärfe von A an allen Punkten von $\mathcal{X}$ berücksichtigen, betrachtet man in F_{13} nur den *ungünstigsten* Punkt.

Offensichtlich gilt für Entropiemaße $F(A) = F(\bar{A})$.

Durch die Mengenbeziehung in (5.3) wird in der Menge der unscharfen Mengen über $\mathcal{X}$ eine Halbordnung eingeführt, deren minimale Elemente die scharfen Mengen sind und deren maximales Element die Menge U aus (5.2) ist. Gelegentlich ist es wünschenswert, in (5.1) schärfer $\Leftrightarrow$ zu fordern, aber dies ist nicht für alle Anwendungen sinnvoll (vgl. KNOPFMACHER (1975)).

Überlegungen von Loo (1977), DELUCA/TERMINI (1979) und GOTTWALD (1979) zeigen, daß für *endliche* $\mathcal{X}$ der Ansatz

$$F(A) = g\left(\sum_{x \in \mathcal{X}} f(m_A(x))\right) \tag{5.12}$$

zu einer umfangreichen Klasse von interessanten Unschärfemaßen führt. Dabei soll $f\colon [0, 1] \to \mathbb{R}^+$ auf $[0, 1/2]$ (streng) monoton wachsend und auf $[1/2, 1]$ (streng) monoton fallend sein und die Randwerte $f(0) = f(1) = 0$ haben; $g\colon \mathbb{R}^+ \to \mathbb{R}^+$ sei eine monoton wachsende Funktion mit $g(y) = 0 \Leftrightarrow y = 0$.

Man kann (5.12) nach den Funktionswerten von m_A ordnen und erhält mit

$$a_t := \operatorname{card}\{x \in \mathcal{X} \mid m_A(x) = t\}, \quad t \in m_A(\mathcal{X}), \tag{5.13}$$

die Darstellung

$$F(A) = g\left(\sum_{t \in m_A(\mathcal{X})} a_t f(t)\right). \tag{5.14}$$

Dies zeigt, daß $F(A)$, bis auf die Transformation g, eine gewichtete Summe über a_t, $t \in m_A(\mathcal{X})$, ist, bei der a_t für t in der Nähe von 1/2 die höchsten Gewichte erhält.

Die Darstellung (5.14) gibt außerdem einen Hinweis, wie im Falle unendlicher Grundbereiche zu verfahren ist. Das Zählmaß in (5.13) ist durch ein geeignetes Maß P auf einem meßbaren Raum $[\mathcal{X}, \mathfrak{B}]$ zu ersetzen und für m_A und f sind die entsprechenden *Meßbarkeitsforderungen* zu stellen. Damit F endlich bleibt, wird $f(m_A(.))$ auf $\mathcal{X}$ als P-integrierbar vorausgesetzt. Außerdem muß beachtet werden, daß unscharfe Mengen nicht unterschieden werden, die sich nur auf Nullmengen des Maßes P unterscheiden. Alle Aussagen beziehen sich also stets auf entsprechende *Äquivalenzklassen* von unscharfen Mengen bezüglich des Maßes P. Dies vorausgeschickt, erscheint für diesen Fall ein Ansatz der folgenden Form, analog zu (5.12), sinnvoll:

$$F(A) = g\left(\int_{\mathcal{X}} f(m_A(x))\, \mathrm{d}P(x)\right). \tag{5.15}$$

Ist speziell g die Identität und $f_1(u) = \min\{u, 1 - u\}$, dann erhält man ein Analogon zu $F_{11}(A)$ gemäß (5.6), und mit einem entsprechenden f die Analogie zur Shannonschen Entropie (5.10).

Natürlich setzen die bisher genannten Unschärfemaße die Wahl der min-max-Verknüpfung der Mengen voraus. Für andere Verknüpfungssysteme ist der Zugang entsprechend zu modifizieren (vgl. z. B. WEBER (1984)).

YAGER (1979/1980) betrachtet auch Unschärfemaße F, deren Werte keine reellen Zahlen mehr sind, sondern unscharfe Teilmengen von $[0, 1]$, und dehnt die Betrachtungen sogar auf unscharfe Mengen mit verallgemeinerten Zugehörigkeitswerten in geeigneten Verbänden mit Negation aus.

Als sogenanntes *Energiemaß* im Sinne von DELUCA/TERMINI (1979) soll das Unschärfemaß F die *Abweichung von der leeren Menge* bewerten (a):

$$F(\emptyset) = 0. \tag{5.16}$$

Als *unschärfste* Menge (b) ist hier der gesamte Grundbereich $\mathscr{X}$ anzusehen, der am stärksten von der leeren Menge abweicht:

$$F(X) = \max. \tag{5.17}$$

Schließlich sollen zwei unscharfe Mengen A und B miteinander vergleichbar sein (c), wenn die eine in der anderen enthalten ist ($A \subseteqq B$):

$$\forall x \in \mathscr{X} : m_A(x) \leqq m_B(x) \Rightarrow F(A) \leqq F(B). \tag{5.18}$$

Die Forderung, daß $F(A) = 0$ genau für $A = \emptyset$ gilt, wird gelegentlich gestellt, ist jedoch selten sinnvoll.

Als Energiemaße bieten sich an

$$F_{21}(A) = \operatorname{card} A \tag{5.19}$$

und

$$F_{22}(A) = \sup_{x \in \mathscr{X}} m_A(x) = \operatorname{hgt} A \tag{5.20}$$

sowie Summen (bzw. Integrale) über monoton wachsende Funktionen von m_A, z. B.

$$F_{23}(A) = \int_{\mathscr{X}} \left(m_A(x)\right)^2 \mathrm{d}x, \tag{5.21}$$

falls dieses Integral existiert.

Durch die Beziehung (5.18) wird in der Gesamtheit der unscharfen Mengen über $\mathscr{X}$ eine Halbordnung eingeführt. Maximales Element ist der Grundbereich selbst. Bei unendlichen Grundbereichen gilt sinngemäß das beim Entropiemaß Gesagte; minimale Elemente der Halbordnung sind dann alle Mengen der Äquivalenzklasse, in der die leere Menge liegt, also

z. B. alle Mengen mit einem Träger, dessen Maß P Null ist. Entsprechendes gilt für die Äquivalenzklasse der maximalen Elemente. Analoge Überlegungen wie beim Entropiemaß führten auf die Empfehlung, zur Konstruktion von Energiemaßen einen Ansatz der Form (5.15) zu verwenden, allerdings müssen die vorkommenden Funktionen nun anderen Bedingungen genügen.

Zwischen Entropie- und Energiemaßen gibt es einen nützlichen Zusammenhang: Wenn F_1 ein Entropiemaß ist, dann ist mit $m_U(x) = 1/2$ für alle $x \in \mathcal{X}$

$$F_2(A) = F_1(A \cap U) \tag{5.22}$$

ein Energiemaß. Wenn F_2 ein Energiemaß ist, dann ist

$$F_1(A) = F_2(A \cap \bar{A}) \tag{5.23}$$

ein Entropiemaß. Jeweils natürlich bezogen auf die gleichen Grundbereiche, meßbaren Räume und Maße zur Bildung der Kardinalität.

Schließlich werden von HIGASHI/KLIR (1983) (s. auch KLIR (1987), DUBOIS/PRADE (1987)) sogenannte *Unsicherheitsmaße* vorgeschlagen, die die *Abweichung vom Typ des scharfen Punktes* angeben (a), d. h. von den scharfen Einermengen $A = \{x_0\}$; $x^0 \in \mathcal{X}$:

$$m_A(x) = \begin{cases} 1 & \text{für} \quad x = x_0 \\ 0 & \text{sonst} \end{cases} \Rightarrow F(A) = 0. \tag{5.24}$$

Als *unschärfste* Menge (b) ist hier wieder der gesamte Grundbereich $\mathcal{X}$ anzusehen, da er am stärksten von einer Einermenge abweicht (vgl. (5.17)). Die Vergleichbarkeit (c) sei wie beim Energiemaß über die Enthaltenseinsbeziehung gegeben (vgl. (5.18)).

Für *normalisierte* Mengen A auf *endlichen* Grundbereichen schlagen HIGASHI/KLIR (1983), KLIR (1987)

$$F_{31}(A) = \int_0^1 \log_2 (\operatorname{card} A^{\geqq \alpha})\, d\alpha \tag{5.25}$$

als sogenanntes *U-Unsicherheitsmaß* vor. Das gleiche Anliegen hat YAGER (1981), (1983) mit dem Vorschlag eines *Spezifiziertheitsmaßes* F_4, das antiton zur Halbordnung (5.18) definiert ist, womit die scharfen Einermengen nunmehr die *höchste* Bewertung erhalten. Als Beispiel sei für *endliche* Grundbereiche

$$F_{41}(A) = \int_0^h (\text{card}\, A^{\geq\alpha})^{-1}\, d\alpha \tag{5.26}$$

mit $h = \sup_{x \in \mathcal{X}} m_A(x) = \text{hgt}\, A$ angegeben.

Man benutzt F_{31} und F_{41} zur Bewertung von *scharfen* Entscheidungen, die aus unscharfen Vorgaben der Ergebnisse abgeleitet wurden, z. B. durch Wahl eines Kernelementes von A, oder zur Bewertung von unscharfen Zahlen.

Czogala/Gottwald/Pedrycz (1982) benutzen zur Einschätzung von unscharfen Entscheidungssituationen die beiden Energiemaße F_{21} und F_{22} gleichzeitig. Sie nennen eine unscharfe Entscheidung D (α, β)-*akzeptabel*, wenn sie nicht zu vage, d. h. $\text{hgt}\,(D) \geqq \alpha$, und nicht zu unscharf, d. h. $\text{card}\, D \leqq \beta$, ist. Die bisher genannten Unschärfemaße sind stetig in den Zugehörigkeitswerten von A. Gelegentlich ist es vernünftig, hierauf zu verzichten, z. B. wenn man den Fall der Idealkonkurrenz („Totes Rennen“, d. h. die Zugehörigkeitsfunktion hat mindestens zwei gleichhohe Maxima), besonders betonen will. Wenn man bedenkt, daß die Spezifizierung der Zugehörigkeitsfunktion in der Regel nur von Monotonievorstellungen aus erfolgt, stellt dieser Fall bei seinem Auftreten etwas *qualitativ* von dem mit einem *einzigen* Maximum verschiedenes dar. Im Fall eines endlichen Grundbereiches und $\text{hgt}\,(A) = 1$ schlägt Bandemer (1988) das Unsicherheitsmaß

$$F_{32}(A) = \begin{cases} \text{card}\, A, & \text{falls} \quad \text{card}\, A^{\geq 1} \neq 1, \\ \text{card}\, A - 1, & \text{falls} \quad \text{card}\, A^{\geq 1} = 1, \end{cases} \tag{5.27}$$

vor. Dieses Unsicherheitsmaß signalisiert das Erreichen des Zugehörigkeitswertes 1 für ein zweites Element des Grundbereiches durch einen Sprung der Höhe 1. Es läßt sich auf den Fall unscharfer Entscheidungen, wie sie z. B. bei der unscharfen Einstellung von Steuergrößen auftreten, verallgemeinern. Sei $D(x_1)$, $x \in \mathcal{X}$, eine Klasse von normalisierten unscharfen Entscheidungen (d. h. mit $m_D(x_1) = 1$), von denen eine auf der Grundlage einer gegebenen unscharfen normalisierten Menge A ausgewählt werden soll. Für alle x_2 aus dem Kern $A^{\geq 1}$ wird nun die Differenz $\Delta(x_2) = A - D(x_2)$ mit

$$m_\Delta(x; x_2) = \max\,\{m_A(x) - m_D(x; x_2), 0\} = [m_A(x) - m_D(x; x_2)]^+ \tag{5.28}$$

gebildet. Dann ist

$$F_{33}(A) = \text{card} \bigcup_{x_2 \in A^{\geq 1}} \Delta(x_2) \tag{5.29}$$

ein Unschärfemaß (s. BANDEMER (1988)). Das Funktional (5.29) wird kleine Werte zeigen, wenn der gesamte Kern von A für jedes „wirksame" $D(x_2)$ (d. h. solche mit $x_2 \in A^{\geq 1}$) in dessen Gebiet mit hoher Zugehörigkeit liegt; es wird große Werte zeigen, wenn der Kern von A so in disjunkte Untermengen zerfällt, daß diese nicht von allen wirksamen $D(x_2)$ gleichzeitig mit Gebieten hoher Zugehörigkeit überdeckt werden können.

5.2. *Wahrscheinlichkeitstheorie und unscharfe Mengen*

Bei der Einführung der Wahrscheinlichkeit geht man davon aus, daß die *zufälligen Ereignisse* als (gewöhnliche) Mengen $\mathcal{A}$, $\mathcal{B}, \ldots$ aus einem Mengensystem, einer σ-Algebra $\mathfrak{B}$, vorliegen. Jedem Ereignis $\mathcal{A}$ wird dann die *Wahrscheinlichkeit* Prob ($\mathcal{A}$) als Wert der Mengenfunktion P, des Wahrscheinlichkeitsmaßes, zugeordnet. Man schreibt sie gewöhnlich in Integralform

$$\text{Prob}\,(\mathcal{A}) = \int_{\mathcal{A}} \mathrm{d}P(x)\,. \tag{5.30}$$

Mit der charakteristischen Funktion $m_{\mathcal{A}}$ von $\mathcal{A}$ läßt sich dies als

$$\text{Prob}\,(\mathcal{A}) = \int_{\mathcal{X}} m_{\mathcal{A}}(x)\, \mathrm{d}P(x) \tag{5.31}$$

schreiben. Für endliche oder abzählbar unendliche Grundbereiche erhält man daraus die bekannte Summendarstellung über die Wahrscheinlichkeiten der Elemente von $\mathcal{X}$.

Diese Darstellung war für ZADEH (1968) der Ausgangspunkt, um die Wahrscheinlichkeit auch für unscharfe Mengen A, z. B. für Werte einer linguistischen Variablen (vgl. Abschnitt 4.2), einzuführen, indem er m_A in (5.31) als Zugehörigkeitsfunktion interpretierte.

Dieses Konzept erwies sich als sehr tragfähig, obwohl die übliche Deutung als Wahrscheinlichkeit dafür, daß eine Realisierung gemäß P in A liegt, nun nicht mehr möglich scheint. Man kann jedoch (5.31) auch als Erwartungswert der Zugehörigkeitsfunktion auffassen. Wie üblich führt man eine Zufallsvariable $\mathsf{X}\colon \Omega \to \mathcal{X}$

ein und schreibt

$$\text{Prob}(A) = \mathsf{E}_P m_A(\mathsf{X}) = \text{Prob}(„\mathsf{X} \in A"). \qquad (5.32)$$

Seien $x_1, x_2, \ldots, x_n$ unabhängige Realisierungen der Zufallsvariablen X, dann gelten, unter gewissen wenig einschränkenden Voraussetzungen, Aussagen, wie sie von den Gesetzen der großen Zahlen her bekannt sind, z. B.

$$\text{Prob}(A) = \lim_{n\to\infty} (1/n) \sum_{i=1}^{n} m_A(x_i). \qquad (5.33)$$

Die Wahrscheinlichkeit läßt sich also für unscharfe Mengen A als *durchschnittlicher Zugehörigkeitsgrad* der Elemente einer Stichprobe von unendlichem Umfang gemäß der zu P gehörigen Wahrscheinlichkeitsverteilung deuten.

Einige Eigenschaften der Wahrscheinlichkeit gelten auch für unscharfe Mengen, z. B.

$$A \subseteqq B \Rightarrow \text{Prob}(A) \leqq \text{Prob}(B), \qquad (5.34)$$

$$\text{Prob}(A \cup B) = \text{Prob}(A) + \text{Prob}(B) - \text{Prob}(A \cap B). \qquad (5.35)$$

Jedoch der wichtige Begriff der *Unabhängigkeit* zweier (unscharfer) Ereignisse muß nun anders eingeführt werden, denn zum Durchschnitt $A \cap B$ gehört gemäß der hier verwendeten Verknüpfung ja das *Minimum* der entsprechenden Zugehörigkeitswerte.

Nimmt man aber die *alternative* Mengenverknüpfung

$$C = A \cdot B \quad \text{mit} \quad m_C(x) = m_A(x)\, m_B(x), \qquad (5.36)$$

vgl. (2.86), dann stimmt die Definition

$$A, B \text{ unabhängig} \Leftrightarrow \text{Prob}(A \cdot B) = \text{Prob}(A)\,\text{Prob}(B) \qquad (5.37)$$

mit den Vorstellungen über die Unabhängigkeit aus der gewöhnlichen Wahrscheinlichkeitstheorie überein.

Damit wird z. B. der Weg frei für die Einführung bedingter Wahrscheinlichkeiten in der Form

$$\text{Prob}(A|B) = \text{Prob}(A \cdot B)/\text{Prob}(B) \quad \text{für} \quad \text{Prob}(B) > 0. \qquad (5.38)$$

Damit die Darstellung (5.31) auch für unscharfe Ereignisse Sinn hat, muß natürlich gefordert werden, daß m_A bez. P meßbar ist.

Der heuristische Charakter der Einführung der Wahrscheinlichkeit für unscharfe Ereignisse hat SMETS (1982) veranlaßt, diesen Zugang theoretisch zu rechtfertigen. Er setzt allgemeiner

$$\text{Prob}\,(A) = \int_{\mathfrak{X}} g(m_A(x))\,\mathrm{d}P(x) \tag{5.39}$$

an und stellt eine Reihe von Forderungen bez. der Eigenschaften von g. So muß z. B. g monoton nichtfallend sein mit $g(0) = 0$ und $g(1) = 1$, damit die Kolmogorovschen Axiome gelten. Weiterhin kann man fordern, daß die Summe der bedingten Wahrscheinlichkeiten für ein unscharfes Ereignis und für sein Komplement bez. jedes anderen unscharfen Ereignisses 1 ergeben muß.

Nimmt man die zu (5.36) passende Vereinigung (2.90)

$$D = A + B \quad \text{mit} \quad m_D(x) = m_A(x) + m_B(x) - m_A(x)\,m_B(x),$$

so gilt für die Wahrscheinlichkeiten wieder

$$\text{Prob}\,(A + B) = \text{Prob}\,(A) + \text{Prob}\,(B) - \text{Prob}\,(A \bullet B), \tag{5.40}$$

was von Interesse ist, wenn man aus objektiven Gründen die max-min-Verknüpfung sowieso verlassen muß.

Mit der Definition der Wahrscheinlichkeit läßt sich auch die Entropie eines unscharfen Ereignisses einführen, z. B. für endliche Grundbereiche als

$$H_P(A) = -\sum_{i=1}^{m} m_A(x_i)\,\text{Prob}\,(\{x_i\})\,\ln\,\text{Prob}\,(\{x_i\}).$$

Diese Entropie eines unscharfen Ereignisses ist nicht mit dem Entropiemaß im Sinne von DeLuca/Termini zu verwechseln.

Zur Veranschaulichung der Denkweise soll das folgende von Kandel (1986) modellmäßig vereinfachte Anwendungsbeispiel dienen. Der individuelle *Alterungsprozeß* von Bauteilen (vom jeweiligen Einsatzzeitpunkt an gerechnet) unterliegt im wesentlichen stochastischen Einflüssen und kann z. B. durch die Einführung einer Alterungsgeschwindigkeit a, $0 \leq a < \infty$, erfaßt werden. Diese genügt dann einer Wahrscheinlichkeitsverteilung, z. B. einer Gammaverteilung $\Gamma(b, p)$ mit den Parametern $b := a_0^{-1}$ und $p = 2$, also mit der Wahrscheinlichkeitsdichte f, so daß

$$\mathrm{d}P(a) = f(a)\,\mathrm{d}a = a_0^{-2} a \exp\{-a/a_0\}\,\mathrm{d}a.$$

Zur jeweiligen individuellen „Lebenszeit" t werden alle diejenigen Bauteile als *verschlissen* angesehen, die zur unscharfen Menge $A(t)$ mit z. B.

$$m_{A(t)}(a) = 1 - \exp\{-at/a_m t_m\}$$

gehören, deren Verschleißalter at also „ungefähr größer" ist als das Vergleichsalter $a_m t_m$ aus gegebenen Bewertungskonstanten a_m und t_m.

Die Wahrscheinlichkeit, daß ein Bauteil zur „Lebenszeit" t als verschlissen betrachtet wird, ist gemäß (5.31)

$$\text{Prob}\,(A(t)) = a_0^{-2} \int_0^\infty (1 - \exp\{-at/a_m t_m\})\, a \exp\{-a/a_0\}\, da$$

$$= 1 - (1 + \lambda t)^{-2} \quad \text{mit} \quad \lambda = a_0 (a_m t_m)^{-1}.$$

Bei der Festlegung der Zugehörigkeitsfunktion spielen subjektive Einflüsse gelegentlich eine wesentliche Rolle. So werden verschiedene Experten gewöhnlich verschiedene Zugehörigkeitsfunktionen, eventuell sogar nur mit gewissen Unsicherheitsbereichen, spezifizieren. Um diese Variabilität zu erfassen, schlägt HIROTA (1981) vor, für jedes $x \in \mathcal{X}$ die Zugehörigkeit zur Menge A als Zufallsgröße $m_A(x,.) : \Omega \to [0, 1]$ zu betrachten, d. h. $m_A : \mathcal{X} \times \Omega \to [0, 1]$ definiert dann eine Zufallsgröße $\mathsf{M}(x)$ bez. eines Wahrscheinlichkeitsraumes $[\Omega, \mathfrak{B}, P]$. Die so randomisierte Zugehörigkeitsfunktion $m_A(x, \omega)$ definiert eine sogenannte *probabilistische Menge A*.

Durchschnitt, Vereinigung und Komplementbildung von Mengen werden durch die *punktweise* Verknüpfung der Zugehörigkeitsfunktionen realisiert. Sind die Zufallsgrößen $\mathsf{M}_A(x)$, $\mathsf{M}_B(x)$ für verschiedene probabilistische Mengen A und B *unabhängig*, dann kann man sie leicht verknüpfen (vgl. YAGER (1984), CZOGALA/HIROTA (1986)). Seien z. B. $F_A(z; x)$ und $F_B(z; x)$ die entsprechenden Verteilungsfunktionen, dann folgt bekanntlich

$$C = A \cup B \Leftrightarrow \mathsf{M}_C(x) = \max\{\mathsf{M}_A(x), \mathsf{M}_B(x)\}$$

$$\Leftrightarrow F_C(z; x) = F_A(z; x)\, F_B(z; x) \qquad (5.41)$$

und

$$D = A \cap B \Leftrightarrow \mathsf{M}_D(x) = \min\{\mathsf{M}_A(x), \mathsf{M}_B(x)\}$$

$$\Leftrightarrow F_D(z; x) = F_A(z; x) + F_B(z; x) - F_A(z; x)\, F_B(z; x).$$

Damit ist auch für diesen Typ unscharfer Mengen die praktische Behandelbarkeit gesichert.

Bis jetzt wurde die Wahrscheinlichkeit für unscharfe Mengen betrachtet. Andererseits kann die Wahrscheinlichkeit selbst als unscharfe Menge auftreten, z. B. in der Formulierung „die Zuverlässigkeit ist 'hoch", was man äquivalent in der Form „die Ausfall*wahrscheinlichkeit* in einem Zeitintervall gegebener Länge ist *klein*" ausdrücken kann. Sei die Ergebnismenge des Zufallsversuches *endlich:* $\Omega = \{\omega_1, \ldots, \omega_n\}$, so ist ein Vektor unscharfer Mengen $(A(\omega_1), \ldots, A(\omega_n))$ über $[0, 1]^n$ zu spezifizieren. Auch wenn die Wahrscheinlichkeiten unscharf sind, müssen sie Wahrscheinlichkeiten bleiben, d. h., das Ereignis, daß von den einander ausschließenden Ereignissen ω_i *eins* auftritt, muß sicher sein. Dies bedeutet aber für den Variablenvektor $(p_1, \ldots, p_n)$, wobei p_i die zu $A(\omega_i)$ gehörige Variable ist, die Erfüllung der scharfen Bedingung $p_1 + \cdots + p_n = 1$. Sei $R(A(\omega_i))$ die $A(\omega_i)$ entsprechende einstellige Relation, so erhält man die dem Vektor $(A(\omega_1), \ldots, A(\omega_n))$ entsprechende Relation durch

$$R(A(\omega_1), \ldots, A(\omega_n)) = R(A(\omega_1)) \otimes \cdots \otimes R(A(\omega_n)) \cap Q, \qquad (5.42)$$

wobei Q die scharfe Relation

$$Q(p_1, \ldots, p_n) = 1 \Leftrightarrow p_1 + \cdots + p_n = 1 \qquad (5.43)$$

bedeutet. Die Variablen sind also *interaktiv.* Man nennt $A(\omega_i)$ auch linguistische Wahrscheinlichkeiten (vgl. Abschnitt 4.4).

Die unscharfen Wahrscheinlichkeiten für jedes $B \in \mathfrak{B}$ erhält man dann durch die *interaktive Summe* S, d. h. die Summe unter Beachtung der Interaktivitätsbedingung Q gemäß (5.43), über das Erweiterungsprinzip als:

$$m_S(p; B) = \sup_{\substack{p = \sum\limits_{i \in \mathcal{J}(B)} p_i \leqq 1}} \; \min_{i \in \mathcal{J}(B)} m_A(p_i, \omega_i) \qquad (5.44)$$

mit

$$\mathcal{J}(B) = \{i \in \{1, \ldots, n\} \mid \omega_i \in B\}.$$

Dies kann seinerseits der Ausgangspunkt für die Bildung unscharfer Erwartungswerte sein, wenn eine Zufallsgröße $Y: \Omega \to \mathbb{R}$ eingeführt wird (s. Dubois/Prade (1980)).

Das Problem gestaltet sich wesentlich schwieriger, wenn die Grundmenge des Wahrscheinlichkeitsraumes keine endliche Menge ist, sondern z. B. ein Intervall. Die Verallgemeinerung kann auf zwei i. allg. nicht äquivalente Weisen geschehen. Wie aus der Theorie stochastischer Prozesse bekannt, kann man einmal die Menge der *Trajektorien* betrachten, d. h. hier ein *unscharfes Bündel* von Wahrscheinlichkeitsverteilungen $\{P_a\}$, $a \in \mathcal{J}$; mit einer passenden Indexmenge $\mathcal{J}$, so daß gilt

$$\int_\Omega dP_a(\omega) = 1 \quad \text{für alle} \quad a \in \mathcal{J},$$

wobei die unscharfe Menge über $\mathcal{J}$ spezifiziert ist. Dies ist *nicht* äquivalent dem Zugang, der in dem oben beschriebenen endlichen Fall gewählt wurde. Ein Nachteil dieser Betrachtungsweise liegt in der möglichen Mehrdeutigkeit bei den festgelegten Zugehörigkeitswerten für die unscharfe Wahrscheinlichkeit eines unscharfen zufälligen Ereignisses. Die unscharfe Wahrscheinlichkeitsverteilung ist also eine unscharfe Funktionenschar im Sinne von Abschnitt 2.2.

Wie ebenfalls aus der Theorie unscharfer Prozesse bekannt, kann der stochastische Prozeß als Familie von Zufallsgrößen, d. h. *punktweise* betrachtet werden. Dies führt auf unscharfe Funktionen, falls die unscharfen Mengen für jeden Punkt normalisiert sind (vgl. Abschnitt 2.2), sonst auf eine entsprechende Verallgemeinerung, und entspricht dem Zugang über linguistische Wahrscheinlichkeiten. Um zu sichern, daß man unscharfe Wahrscheinlichkeitsverteilungen erhält, kann man verlangen (vgl. DUBOIS/PRADE (1980)), daß für die Kernkurve $m_A(p_1; \omega) = 1$ gilt

$$\int_\Omega p_1(\omega)\, d\omega = 1 .$$

Bei den bisherigen Überlegungen zur unscharfen Wahrscheinlichkeit waren die zufälligen Ereignisse selbst als scharf angenommen worden. Andererseits wird es in einigen Fällen vermutlich als wenig einsehbar empfunden, daß unscharfen Ereignissen scharfe Wahrscheinlichkeiten zugeordnet werden. So könnte man im Fall des Beispiels zum Alterungsprozeß von Bauteilen z. B. die Aussage erhalten, daß die Wahrscheinlichkeit für das Ereignis „Bauteil verschlissen" gerade 0,84 beträgt. Diese genaue Aussage kann als artifiziell empfunden werden, während man die Aussage „diese Wahrscheinlichkeit ist hoch" als der Unschärfe der Ausgangsannahmen gemäß ansehen würde. Es gibt mehrere theoretische Vorschläge, wie man zu sinnvollen unscharfen Wahrscheinlichkeiten für unscharfe Ereignisse kommt. Alle setzen jedoch, aus Gründen der Behandelbarkeit, eine *endliche* Grundmenge für den Wahrscheinlichkeitsraum voraus.

Seien B eine unscharfe Menge auf Ω mit der Zugehörigkeitsfunktion $m_B(\omega_i)$, $i = 1, \ldots, n$, und $m_A(p_i, \omega_i)$ die Zugehörigkeitsfunktionen für die Komponenten des Vektors der unscharfen Wahrscheinlichkeiten $\big(A(\omega_1), \ldots, A(\omega_n)\big)$. Dann erhält man als Erweiterung des Erwartungswertes

$$\sum_{i=1}^{n} m_B(\omega_i)\, p_i$$

analog zu (5.43) die unscharfe Wahrscheinlichkeit Prob (B) mit der Zugehörigkeitsfunktion $m_{\mathrm{Prob}(B)}(p)$ gemäß dem Erweiterungsprinzip in der Form

$$m_{\mathrm{Prob}(B)}(p) = \sup_{\omega \in \mathscr{W}} \cdot \min_i m_A(p_i, \omega_i), \tag{5.45}$$

dabei ist $\mathscr{W} = \left\{\omega = (\omega_1, \ldots, \omega_n) \,\middle|\, \sum_{i=1}^{n} m_B(\omega_i)\, p_i = p;\ \sum_{i=1}^{n} p_i = 1\right\}$.
Die Berechnung von $m_{\mathrm{Prob}(B)}$ kann für $n > 2$ recht kompliziert sein. Sie ist äquivalent zur Lösung des Optimierungsproblems: Maximiere z unter den Nebenbedingungen

$$m_A(p_i; \omega_i) \geqq z, \quad i = 1, \ldots, n; \quad \omega \in \mathscr{W}.$$

Demgegenüber nähert sich Yager (1984) dem Problem über die Betrachtung der α-Schnitte $B^{\geqq\alpha}$. Dann wird die unscharfe Wahrscheinlichkeit als unscharfe Menge über den Wahrscheinlichkeiten $\mathrm{P}(B^{\geqq\alpha})$ der α-Schnitte als

$$\mathrm{Prob}\,(B) \quad \text{mit} \quad m_{\mathrm{Prob}(B)}\left(\mathrm{P}\,(B^{\geqq\alpha})\right) = \alpha \tag{5.46}$$

eingeführt. Yager bemerkt, daß dies als „Wahrscheinlichkeit einer mindestens zum Grade α vorhandenen Befriedigung der Bedingung B" gedeutet werden kann. Hiervon ausgehend schlug Klement (1982) vor, die Wahrscheinlichkeit über alle Werte [0, 1] zu definieren, indem die Zwischenwerte jeweils den konstanten α-Wert des linken Intervallendes erhalten; diese wird mit $\mathrm{Prob}^*(B)$ bezeichnet. Mit $\mathrm{Prob}_*(B) = \overline{\mathrm{Prob}^*(\bar{B})}$ erhält Yager (1984) schließlich

$$\mathrm{Prob}\,(B) = \mathrm{Prob}^*\,(B) \cap \mathrm{Prob}_*\,(B) \tag{5.47}$$

als die gewünschte unscharfe Wahrscheinlichkeit. Wegen der Eigenschaften dieser Wahrscheinlichkeit vgl. Yager (1984).

Schließlich kann man die Situation betrachten, daß die unscharfen Mengen selbst *zufällige Objekte* sind, d. h. Werte sogenannter *zufälliger unscharfer Mengen.*

Für die Einschätzung des zufallsbeeinflußten Verschleißgrades Z von Bauteilen mögen, z. B., *mehrere* Werte einer linguistischen Variablen u zur Verfügung stehen: A_1 = stark verschlissen, A_2 = mässig verschlissen, ..., A_m = unverschlissen. Es seien die Wahrscheinlichkeiten

$$\mathrm{Prob}\,(u = A_i) = p_i, \quad i = 1, \ldots, m, \tag{5.48}$$

bekannt. Wegen der Anzahl der möglichen Werte für Z spricht man von *diskreten* zufälligen unscharfen Mengen, dieser Fall wird im wesentlichen von Nahmias (1979) behandelt. Es kann z. B. der mittlere Verschlissenheitsgrad interessieren, d. h. der Erwartungswert

$$\mathsf{E}u = p_1A_1 \boxplus \cdots \boxplus p_mA_m, \tag{5.49}$$

der gemäß (2.91) zu berechnen ist.

Im allgemeinen Fall geht man von einem Wahrscheinlichkeitsraum $[\Omega, \mathfrak{B}, P]$ aus und definiert eine zufällige unscharfe Menge Z als Abbildung von Ω in $\mathfrak{F}(\mathcal{X})$. Man fordert dann die Meßbarkeit von Z bez. einer geeigneten σ-Algebra in dieser Bildmenge. Der Zugang von Kwakernaak (1978/79), der in letzter Zeit insbesondere von Kruse (1983) und Meyer (1987) kultiviert wurde, geht von der Vorstellung aus, daß Z durch unscharfe Beobachtung eines an sich scharfen Originals O entsteht und versucht, Meßbarkeitseigenschaften der Abbildung Z durch Meßbarkeitsforderungen an von O abgeleitete Größen zu erfüllen. Beispielsweise ergibt sich der α-Schnitt des Erwartungswertes einer zufälligen unscharfen Zahl Z als

$$(\mathsf{E}Z)^{\geqq\alpha} = [\mathsf{E} \inf Z^{\geqq\alpha}, \mathsf{E} \sup Z^{\geqq\alpha}], \tag{5.50}$$

wenn man fordert, daß $\inf Z^{\geqq\alpha}$ und $\sup Z^{\geqq\alpha}$ borelmeßbar, d. h. Zufallsgrößen sind.

Einen anderen Zugang wählen z. B. Puri/Ralescu (1986). Für sie sind zufällige unscharfe Mengen eine Verallgemeinerung von zufälligen (scharfen) Mengen. Die Meßbarkeit der Abbildung Z wird erreicht, indem man fordert, daß jeder α-Schnitt $Z^{\geqq\alpha}$ von Z eine zufällige abgeschlossene Menge im wohldefinierten Sinn ist (s. dazu z. B. Matheron (1975)).

Es gibt schon viele spezielle Untersuchungen über zufällige unscharfe Mengen, z. B. über Grenzwertsätze (Miyakoshi/Shimbo (1984), Meyer (1987)).

5.3. *Unscharfe Maße*

Bei der Beschreibung einer gewöhnlichen Menge $\mathcal{A}$ ist für *jeden* Punkt x des Grundbereiches $\mathcal{X}$ festzulegen, ob er zu $\mathcal{A}$ gehören soll oder nicht. Ist diese Festlegung nur graduell möglich, dann beschreibt die Gesamtheit der Zugehörigkeitsgrade $m_A(x)$, $x \in \mathcal{X}$, eine unscharfe Menge A.

Dual dazu könnte man ein bestimmtes Element $x_0 \in \mathcal{X}$ dadurch beschreiben, daß man für alle Teilmengen $\mathcal{B}$ von $\mathcal{X}$, d. h. alle Elemente der Potenzmenge $\mathfrak{P}(\mathcal{X})$ angibt, ob x_0 darin enthalten ist. Die dies angebende Mengenfunktion $Q\colon \mathfrak{P}(\mathcal{X}) \to \{0, 1\}$ entspricht der charakteristischen Funktion bei der Festlegung von Mengen.

In vielen praktischen Fällen ist nun ein interessierendes Element des Grundbereiches nicht exakt zu lokalisieren, z. B. die Ursache einer Krankheit, der Täter einer kriminellen Handlung oder die genaue Artzugehörigkeit eines aufgefundenen Fossils. Dies gibt Veranlassung, eine *unscharfe Beschreibung Q dieses Elementes* durch die Angabe eines entsprechenden Zuordnungsgrades für jede der Mengen aus $\mathfrak{P}(\mathcal{X})$ einzuführen. Für die Funktion

$$Q\colon \mathfrak{P}(\mathcal{X}) \to [0, 1] \tag{5.51}$$

ist es sinnvoll zu fordern, daß

$$Q(\emptyset) = 0; \quad Q(\mathcal{X}) = 1 \tag{5.52}$$

gilt und weiterhin

$$\forall\, \mathcal{A}, \mathcal{B} \in \mathfrak{P}(\mathcal{X}) : \mathcal{A} \subseteq \mathcal{B} \Rightarrow Q(\mathcal{A}) \leqq Q(\mathcal{B}), \tag{5.53}$$

d. h., der Zuordnungsgrad kann nicht fallen, wenn die Menge vergrößert wird.

Für *endliche* Grundbereiche genügen diese Eigenschaften bereits, um mit solchen sogenannten *unscharfen Maßen* eine sinnvolle Theorie und Anwendung zu machen. Für *nichtendliche* Grundbereiche wird zudem (vgl. SUGENO (1974), (1977)) noch die Stetigkeit gefordert: Sei $\mathfrak{A} \subseteq \mathfrak{P}(\mathcal{X})$ eine Menge mit der Eigenschaft, daß jede monotone Folge $\mathcal{A}_1 \subseteq \mathcal{A}_2 \subseteq \cdots$ oder $\mathcal{A}_1 \supseteq \mathcal{A}_2 \supseteq \cdots$ von Mengen $\mathcal{A}_i \in \mathfrak{A}$, $i = 1, 2, \ldots$, gegen ein Element aus $\mathfrak{A}$ strebt. Dann bedeutet diese *Stetigkeit*, daß für jede solche monotone Folge gilt

$$\lim_{i\to\infty} Q(\mathcal{A}_i) = Q\left(\lim_{i\to\infty} \mathcal{A}_i\right). \tag{5.54}$$

An die Stelle von $\mathfrak{P}(\mathcal{X})$ oder $\mathfrak{A}$ tritt gewöhnlich, aus der Problembezogenheit oder wegen der leichteren mathematischen Behandelbarkeit, eine passende σ-Algebra $\mathfrak{B}$ über $\mathcal{X}$. Man nennt dann, in Analogie zum Wahrscheinlichkeitsraum, $[\mathcal{X}, \mathfrak{B}, Q]$ einen *unscharfen Maßraum.*

Da aus der Additivität der Wahrscheinlichkeit, d. h. aus

$$\mathrm{Prob}\,(\mathcal{A} \cup \mathcal{B}) = \mathrm{Prob}\,(\mathcal{A}) + \mathrm{Prob}\,(\mathcal{B}) \quad \text{für} \quad \mathcal{A} \cap \mathcal{B} = \emptyset \tag{5.55}$$

die Monotonie

$$\mathcal{A} \subseteq \mathcal{B} \Rightarrow \mathcal{B} = \mathcal{A} \cup (\mathcal{B} \cap \bar{\mathcal{A}})$$
$$\Rightarrow \operatorname{Prob}(\mathcal{A}) \leqq \operatorname{Prob}(\mathcal{B}) \tag{5.56}$$

und sogar die Stetigkeit (5.54) folgt, sind Wahrscheinlichkeitsmaße spezielle unscharfe Maße. Sie drücken den jeweiligen Grad der Zuordnung (zur Argumentmenge) einer noch nicht erfolgten Realisierung der Zufallsvariablen aus, die gemäß des entsprechenden Wahrscheinlichkeitsmaßes verteilt ist.

Aus der Monotonie (5.53) folgt weiter

$$Q(\mathcal{A} \cup \mathcal{B}) \geqq \max\{Q(\mathcal{A}), Q(\mathcal{B})\}, \tag{5.57}$$

$$Q(\mathcal{A} \cap \mathcal{B}) \leqq \min\{Q(\mathcal{A}), Q(\mathcal{B})\}. \tag{5.58}$$

Die Bildungsvorschrift für das Maß der Vereinigung zweier Mengen ist ein interessanter Ausgangspunkt für die Konstruktion von Maßen, z. B. aus einem System von Elementarmengen.

In Verallgemeinerung von (5.55) schlug SUGENO (1974) sogenannte λ-unscharfe Maße Q_λ vor, die der Verknüpfungsformel genügen:

$$Q_\lambda(\mathcal{A} \cup \mathcal{B}) = Q_\lambda(\mathcal{A}) + Q_\lambda(\mathcal{B}) + \lambda Q_\lambda(\mathcal{A})\, Q_\lambda(\mathcal{B}) \quad \text{für} \quad \mathcal{A} \cap \mathcal{B} = \emptyset. \tag{5.59}$$

Mit $Q_\lambda(\mathcal{X}) = 1$ erfüllt Q_λ die Forderungen (5.52) bis (5.54) für $\lambda > -1$. Für $\lambda = 0$ ist Q_λ offensichtlich ein Wahrscheinlichkeitsmaß.

Die für Anwendungen benötigten Formeln lassen sich analog zum Vorgehen in der Wahrscheinlichkeitstheorie leicht aus (5.59) herleiten, z. B.

$$Q_\lambda(\bar{\mathcal{A}}) = \big(1 - Q_\lambda(\mathcal{A})\big) / \big(1 + \lambda Q_\lambda(\mathcal{A})\big) \tag{5.60}$$

und die Verallgemeinerung von (5.59) auf den Fall $A \cap B \neq \emptyset$:

$$Q_\lambda(\mathcal{A} \cup \mathcal{B}) = \big(Q_\lambda(\mathcal{A}) + Q_\lambda(\mathcal{B}) - Q_\lambda(\mathcal{A} \cap \mathcal{B}) + Q_\lambda(\mathcal{A})\, Q_\lambda(\mathcal{B})\big)$$
$$\times \big(1 + \lambda Q_\lambda(\mathcal{A} \cap \mathcal{B})\big)^{-1}. \tag{5.61}$$

Sei $\mathcal{E}_1, \mathcal{E}_2, \ldots$ ein System disjunkter (Elementar-) Mengen, dann ist

$$Q_\lambda\left(\bigcup_{i=1}^{\infty} \mathcal{E}_i\right) = \lambda^{-1}\left(\prod_{i=1}^{\infty} \big(1 + \lambda Q_\lambda(\mathcal{E}_i)\big) - 1\right). \tag{5.62}$$

Für den Spezialfall $\mathcal{X} = \mathbb{R}$ kann man Q_λ über eine Funktion h definieren, die die Eigenschaften einer stetigen Verteilungsfunktion der Wahrscheinlichkeitstheorie hat, d. h. monoton und stetig mit Grenzwerten 0 bzw. 1 ist (vgl. SUGENO (1977)). Dann ist für alle Intervalle $[a, b]$

$$Q_\lambda([a, b]) = \big(h(b) - h(a)\big)/\big(1 + \lambda h(a)\big). \tag{5.63}$$

Die Bedeutung der λ-unscharfen Maße liegt darin, daß man mit ihnen häufig sehr flexibel notwendige Forderungen aus dem Kontext an ein unscharfes Maß durch die Wahl von λ approximativ erfüllen kann, und daß der Formelapparat relativ einfach handhabbar ist.

Für *endliche* Grundbereiche hat SHAFER (1976) (vgl. auch DUBOIS/PRADE (1987)) ein interessantes Konzept vorgelegt, nach dem unscharfe Maße konstruiert werden können. Auf die Mengen von $\mathfrak{P}(\mathcal{X})$ wird das Gewicht 1 verteilt, d. h. eine Abbildung

$$p: \mathfrak{P}(\mathcal{X}) \to [0, 1] \tag{5.64}$$

zugrunde gelegt. Wegen der Normierung auf 1, d. h. neben $p(\emptyset) = 0$ soll

$$\sum_{\mathcal{B} \in \mathfrak{P}(\mathcal{X})} p(\mathcal{B}) = 1 \tag{5.65}$$

gelten, wird p *grundlegende Wahrscheinlichkeitszuweisung* genannt. Die Mengen mit $p(\mathcal{A}) > 0$ werden als *Herdmengen* von p bezeichnet. Ihre Gesamtheit, gewissermaßen der Träger von p, werde daher mit $\operatorname{supp} p$ abgekürzt. Das Paar $(\operatorname{supp} p, p)$ nennt SHAFER (1976) Darstellung einer *Evidenzgesamtheit* und benutzt dies zur Entwicklung verschiedener unscharfer Maße.

Die Größe $p(\mathcal{A})$ wird häufig als relatives Vertrauensniveau in $\mathcal{A}$ gedeutet, als eine Darstellung der verfügbaren Information. Es ist die „Wahrscheinlichkeit", daß diese Information korrekt und vollständig von $x \in \mathcal{A}$ beschrieben wird. Die Herdmengen müssen weder disjunkt sein noch $\mathcal{X}$ überdecken. Selbst $\mathcal{X}$ kann Herdmenge sein. Dann bedeutet $p(\mathcal{X})$ den Anteil des Vertrauens, das der Unkenntnis geschuldet ist. Totale Unkenntnis wird also durch $p(\mathcal{X}) = 1$ ausgedrückt. Diese Interpretation kommt aus der Einstellung, daß eine Herdmenge $\mathcal{A}$ die möglichen Lagen des Wertes einer gewissen Variablen beschreibt, z. B. kann $\mathcal{A}$ eine ungenaue Beobachtung oder Messung sein. In diesem Zusammenhang wird die Information *disjunktiv* genannt, in dem Sinne, daß der tatsächliche Wert der Variablen eindeutig ist. Die Herdmengen stellen also sich gegenseitig ausschließende mögliche Werte der Variablen dar.

Dies vorangeschickt, wenden wir uns nun den verschiedenen Möglichkeiten zur Konstruktion von unscharfen Maßen für *endliche* Grundbereiche zu. SHAFER (1976) betrachtet

$$\mathrm{Cr}\,(\mathcal{A}) = \sum_{\mathcal{B} \subseteq \mathcal{A}} p(\mathcal{B}) \tag{5.66}$$

und nennt es *Glaubwürdigkeitsgrad* von $\mathcal{A}$. Es stellt das *Evidenzgewicht*, den *Vertrauensgrad* dar, das sich auf $\mathcal{A}$ konzentriert, oder, in der Sprache der Wahrscheinlichkeitstheorie, auf Ereignisse konzentriert, die das Auftreten von $\mathcal{A}$ zur Folge haben.

Davon abgeleitet bildet SHAFER mit

$$\mathrm{Pl}\,(\mathcal{A}) = 1 - \mathrm{Cr}\,(\bar{\mathcal{A}}) = \sum_{\mathcal{B} \cap \mathcal{A} \neq \emptyset} p(\mathcal{B}) \tag{5.67}$$

den *Plausibilitätsgrad*, den Grad des „Einleuchtens". Er stellt das Evidenzgewicht dar, das sich *nicht* auf $\mathcal{A}$ konzentriert; dies ist äquivalent mit der Konzentration auf Ereignisse, die das Auftreten von $\mathcal{A}$ möglich machen.

Deutet man Cr ($\mathcal{A}$) als den Grad, mit dem an der Zugehörigkeit eines nicht lokalisierten Elementes zu $\mathcal{A}$ *gezweifelt* wird, dann ist Pl ($\mathcal{A}$) der Grad, zu dem daran *nicht* gezweifelt wird, es also für einleuchtend oder plausibel erachtet wird.

Die grundlegende Wahrscheinlichkeitszuweisung kann aus Cr oder Pl zurückgewonnen werden, z. B. gilt

$$p(\mathcal{A}) = \sum_{\mathcal{B} \subseteq \mathcal{A}} (-1)^{\mathrm{card}(\mathcal{A} \setminus \mathcal{B})}\, \mathrm{Cr}\,(\mathcal{B})\,. \tag{5.68}$$

Natürlich gilt stets

$$\mathrm{Pl}\,(\mathcal{A}) \geqq \mathrm{Cr}\,(\mathcal{A})\,. \tag{5.69}$$

Wenn die Herdmengen Einermengen sind, dann ist p eine gewöhnliche Wahrscheinlichkeitsverteilung auf $\mathcal{X}$ und Pl ($\mathcal{A}$) = Cr ($\mathcal{A}$) = Prob ($\mathcal{A}$) eine Wahrscheinlichkeit.

Für den Glaubwürdigkeitsgrad gilt eine Abschwächung der bekannten allgemeinen Additionsformel für Wahrscheinlichkeiten, nämlich

$$\mathrm{Cr}\,(\mathcal{A} \cup \mathcal{B}) \geqq \mathrm{Cr}\,(\mathcal{A}) + \mathrm{Cr}\,(\mathcal{B}) - \mathrm{Cr}\,(\mathcal{A} \cap \mathcal{B}) \tag{5.70}$$

oder, allgemeiner für beliebige endliche Mengensysteme $\{\mathcal{A}_i\}$ mit $\mathcal{A}_i \in \mathfrak{P}(\mathcal{X})$ (vgl. SMETS (1981), SHAFER (1976)):

$$\operatorname{Cr}\left(\bigcup_i \mathcal{A}_i\right) \geqq \sum_i \operatorname{Cr}(\mathcal{A}_i) - \sum_{i<j} \operatorname{Cr}(\mathcal{A}_i \cap \mathcal{A}_j) + \dots + (-1)^{n+1} \operatorname{Cr}\left(\bigcap_j \mathcal{A}_j\right). \tag{5.71}$$

Offensichtlich ist dann ($\mathcal{A}$ ist eine scharfe Menge!)

$$\operatorname{Cr}(\mathcal{A}) + \operatorname{Cr}(\bar{\mathcal{A}}) \leqq 1. \tag{5.72}$$

Sei das nicht lokalisierte Element von $\mathcal{X}$ zum Beispiel ein aufgefundenes Fossil. So kann es mit einer gewissen Glaubwürdigkeit (Überzeugtheit) zu einer Spezies $\mathcal{A}$ gerechnet werden, die in der untersuchten Schicht sehr häufig angetroffen wird. Jedoch wird ein mangelndes Vertrauen $\left(\operatorname{Cr}(\mathcal{A}) < 1\right)$ nicht notwendig ein starkes Vertrauen dafür hervorrufen, daß das Fossil *nicht* zu $\mathcal{A}$ gehört $\left(\operatorname{Cr}(\bar{\mathcal{A}}) > 0\right)$.

Für Pl gelten zu (5.70) bis (5.72) analoge Formeln, die man erhält, wenn man Vereinigung und Durchschnitt jeweils vertauscht und die Ungleichheitszeichen umkehrt.

Für *unendliche* Grundbereiche kann man (5.71) und die entsprechende Formel für Pl, jeweils für alle natürlichen Zahlen n gefordert, zur Charakterisierung unscharfer Maße Cr und Pl verwenden. Allerdings scheint dieser Zugang gegenwärtig wenig praktikabel.

Im Abschnitt 3.3 wurde der Zugehörigkeitswert $m_B(y)$ zu einer unscharfen Menge B als Grad der Möglichkeit gedeutet, daß eine Variable v den Wert $y \in \mathcal{Y}$ annimmt. Davon ausgehend kann man eine Mengenfunktion

$$\operatorname{Poss}: \mathfrak{P}(\mathcal{X}) \to [0, 1] \tag{5.73}$$

einführen, die den *Möglichkeitsgrad* angibt, daß eine Variable über $\mathcal{X}$ einen Wert in der Argumentmenge annimmt. Für die Verknüpfungen ist es dann sinnvoll, zu fordern, daß

$$\operatorname{Poss}(\mathcal{A} \cup \mathcal{B}) = \max\{\operatorname{Poss}(\mathcal{A}), \operatorname{Poss}(\mathcal{B})\}. \tag{5.74}$$

Der Möglichkeitsgrad läßt sich, analog zur Wahrscheinlichkeit, durch eine Möglichkeitsverteilung charakterisieren, die den Grad für die Elemente von $\mathcal{X}$ angibt

$$\operatorname{Poss}(\{x\}) = \pi(x). \tag{5.75}$$

Aus (5.74) folgt dann für alle $\mathcal{A} \in \mathfrak{P}(\mathcal{X})$

$$\text{Poss}\,(\mathcal{A}) = \sup_{x \in \mathcal{A}} \pi(x)\,. \tag{5.76}$$

Und wegen der vernünftigen Forderung

$$\text{Poss}\,(\mathcal{X}) = 1\,, \tag{5.77}$$

woraus, für kompaktes $\mathcal{X}$,

$$\exists\, x_0 \in \mathcal{X} : \pi(x_0) = 1 \tag{5.78}$$

folgt, läßt sich π auch als Zugehörigkeitsfunktion einer unscharfen Menge deuten, die den Möglichkeitsgrad gewissermaßen induziert. Wegen (5.78) ist diese unscharfe Menge stets *normalisiert*.

Im Abschnitt 3.3 wurde aus dem dortigen Zusammenhang der Weg in umgekehrter Richtung beschritten. Die induzierende unscharfe Menge wurde B genannt und bei der Angabe des Möglichkeitsgrades einer Variablen v mitgeführt (s. z. B. (3.45)). Man kann also, entsprechend dem jeweiligen formalen Umfeld, Poss $(\{x\})$ auch mit Poss $(v = x \mid B)$, und Poss $(\mathcal{A})$ mit Poss $(v = \mathcal{A} \mid B)$ identifizieren.

Seien $\mathcal{X}$ und $\mathcal{Y}$ zwei Grundbereiche mit den entsprechenden Variablen u und v, sowie $\pi_{(u,v)}$ die zu (u, v) gehörige Möglichkeitsverteilung. Dann liefern die Projektionen

$$\pi_u(x) = \sup_y \pi_{(u,v)}(x, y)\,; \quad \pi_v(y) = \sup_x \pi_{(u,v)}(x, y) \tag{5.79}$$

die sogenannten *Randverteilungen*. Im Fall der Separabilität (3.25) der $\pi_{(u,v)}$ entsprechenden unscharfen Relation gilt

$$\pi_{(u,v)}(x, y) = \min\,\{\pi_u(x), \pi_v(y)\}\,. \tag{5.80}$$

Über

$$\pi_u(x) = \sup_y \pi_{(u,v)}(x, y)$$

$$= \sup_y \min\,\{\pi_{(u,v)}(x, y), \sup_y \pi_{(u,v)}(x, y)\}$$

erhält man

$$\pi_u(x) = \sup_y \min\,\{\pi_{(u,v)}(x, y), \pi_v(y)\}\,. \tag{5.81}$$

Deutet man nun (5.80) als das Analogon zur *Unabhängigkeit* bei Wahrscheinlichkeitsverteilungen, so ist (5.81) das entsprechende Analogon zur Formel über die totale Wahrscheinlichkeit. Daher bezeichnet man $\pi_{(u,v)}$ in diesem Zusammenhang als *bedingte Möglichkeitsverteilung*. Diese Analogie wurde von Nguyen (1978) betrachtet, der den Begriff der *normali-*

sierten bedingten Möglichkeitsverteilung einführte, die wieder der Forderung (5.78) genügt. Dazu betrachtet er

$$\pi(x \mid y) = \pi_{(u,v)}(x, y)\, \theta(\pi_u(x), \pi_v(y)), \tag{5.82}$$

wobei θ eine Normierungsfunktion ist, die aus

$$\text{hgt}\,(\pi(x \mid y)) = 1$$

und

$$\min\,\{\pi_u(x), \pi_v(y)\}\, \theta(\pi_u(x), \pi_v(y)) = \pi_u(x) \tag{5.83}$$

zu bestimmen ist. Dabei bedeutet (5.83), daß im Falle der Separabilität (5.80) die normalisierte bedingte Möglichkeitsverteilung gleich der Randverteilung ist, womit die Analogie zur Wahrscheinlichkeitsverteilung vollkommen wird. Die Forderungen (5.83) führen zu

$$\pi(x \mid y) = \begin{cases} \pi_{(u,v)}(x, y) & \text{falls } \pi_u(x) \leqq \pi_v(y), \\ \pi_{(u,v)}(x, y)\, \pi_u(x)/\pi_v(y) & \text{falls } \pi_u(x) > \pi_v(y). \end{cases} \tag{5.84}$$

Damit kommt man schließlich zu

$$\pi_u(x) = \sup_y \min\,\{\pi(x \mid y), \pi_v(y)\}. \tag{5.85}$$

Es erhebt sich nun die Frage, ob der Möglichkeitsgrad ein unscharfes Maß im Sinne von (5.52) bis (5.54) ist. Für endliche Grundbereiche $\mathcal{X}$ ist diese Frage zu bejahen, wie im folgenden Absatz erläutert wird; für unendliche Grundbereiche gibt es Gegenbeispiele, bei denen die Stetigkeitsforderung (5.54) nicht mehr erfüllt wird (s. PURI/RALESCU (1982)).

Seien $\mathcal{X} = \{x_1, \ldots, x_n\}$ der endliche Grundbereich und $\pi_i = \pi(x_i)$ die zugehörigen Werte der Möglichkeitsverteilung. O. b. d. A. seien die x_i nach fallenden π_i geordnet. Sei nun $p_i = p(\{x_1, \ldots, x_i\})$ für $i = 1, \ldots, n$ die grundlegende Wahrscheinlichkeitszuweisung gemäß (5.64). Die Herdmengen liegen also *ineinander*, was als *konsonanter Fall* bezeichnet wird, im Unterschied zu den Verhältnissen bei einer Wahrscheinlichkeitsverteilung, bei der die Verteilung über Prob $(\{x_i\}) = p_i$ gegeben wäre; dies würde man als *dissonanten Fall* bezeichnen (vgl. DUBOIS/PRADE (1987)).

Wie von DUBOIS/PRADE (1982) gezeigt wurde, erweist sich der Möglichkeitsgrad mit

$$\begin{aligned} &\text{supp}\, p = \{\{x_1, \ldots, x_i\} \mid p_i > 0\} \\ &p_i = \pi_i - \pi_{i+1}, \quad i = 1, \ldots, n, \quad (\pi_{n+1} = 0) \end{aligned} \tag{5.86}$$

für endliches $\mathcal{X}$ als Spezialfall eines Plausibilitätsgrades, und die Möglichkeitsverteilung ergibt sich wieder aus

$$\pi_i = \sum_{j=i}^{n} p_j, \quad i = 1, \ldots, n. \tag{5.87}$$

Analog zum Glaubwürdigkeitsgrad läßt sich mit der grundlegenden Wahrscheinlichkeitszuweisung auch ein *Notwendigkeitsgrad* mit

$$\mathrm{Nec}\,(\mathcal{A}) = 1 - \mathrm{Poss}\,(\bar{\mathcal{A}}) \tag{5.88}$$

bilden, für den dann gilt:

$$\mathrm{Nec}\,(\mathcal{A} \cap \mathcal{B}) = \min\,\{\mathrm{Nec}\,(\mathcal{A}), \mathrm{Nec}\,(\mathcal{B})\}. \tag{5.89}$$

Ausgehend von (5.76) läßt sich auch der Möglichkeitsgrad für *unscharfe* Mengen A einführen:

$$\mathrm{Poss}\,(A) = \sup_{x \in \mathcal{X}} \min\,\{\pi(x), m_A(x)\}. \tag{5.90}$$

Für scharfe Mengen $\mathcal{A}$ geht (5.90) in (5.76) über. Der Möglichkeitsgrad für eine unscharfe Menge A läßt sich auch als der Grad der Konsistenz des unscharfen „Ereignisses" A mit der Möglichkeitsverteilung deuten. Offensichtlich gelten auch für unscharfe Mengen

$$\mathrm{Poss}\,(A \cup B) = \max\,\{\mathrm{Poss}\,(A), \mathrm{Poss}\,(B)\}, \tag{5.91}$$

$$A \subseteqq B \Rightarrow \mathrm{Poss}\,(A) \leqq \mathrm{Poss}\,(B). \tag{5.92}$$

Man nennt zwei unscharfe Mengen A und B *nicht-interaktiv*, wenn

$$\mathrm{Poss}\,(A \cap B) = \min\,\{\mathrm{Poss}\,(A), \mathrm{Poss}\,(B)\}. \tag{5.93}$$

Ist $\pi_{(u,v)} \in \mathfrak{F}(\mathcal{X} \times \mathcal{Y})$ *separabel* (s. (5.80)), dann sind diese unscharfen *Ereignisse* $A \in \mathfrak{F}(\mathcal{X})$, $B \in \mathfrak{F}(\mathcal{Y})$ *nicht-interaktiv*. Schließlich erhält man eine Art Bayessche Formel

$$\mathrm{Poss}\,(A \mid B) = \min\,\{\mathrm{Poss}\,(B \mid A), \mathrm{Poss}\,(A)\}, \tag{5.94}$$

für die $\mathrm{Poss}\,(B \mid A)$ aus (5.82) oder (5.84) zu bestimmen wäre, z. B. durch

$$\mathrm{Poss}\,(B \mid A) = \sup_{x \in \mathcal{X}; y \in \mathcal{Y}} \pi(x \mid y). \tag{5.95}$$

Ähnlich wie im Abschnitt 5.2 für Wahrscheinlichkeitsmaße gibt es auch Untersuchungen zur Einführung *unscharfer* Möglichkeitsgrade. Jedem $x \in \mathcal{X}$ wird eine unscharfe Menge $\tilde{\pi}(x)$ über $[0, 1]$ als Wert der Möglichkeitsverteilung zugeordnet. Bereits die Bildung des unscharfen Möglichkeitsgrades einer scharfen Menge $\mathcal{A}$ braucht die unscharfe Maximumbildung max:

$$\text{Poss}\,(\mathcal{A}) = \max_{x \in \mathcal{A}} \tilde{\pi}(x).$$

In Analogie zu (5.90) wäre für eine unscharfe Menge A

$$\text{Poss}\,(A) = \max_{x \in \mathcal{X}} \min\,\{\tilde{\pi}(x), m_A(x)\}$$

zu bestimmen (vgl. DUBOIS/PRADE (1980)).

In diesem Abschnitt wurden unscharfe Mengen als Argumente nur beim Möglichkeitsgrad betrachtet. Die Übertragung unscharfer Maße auf Mengensysteme unscharfer Mengen erfolgt im folgenden Abschnitt über Integraldarstellungen.

5.4. *Erwartungswerte und unscharfe Integrale*

Im Unterschied zum gewöhnlichen Zugang zur Integration (im Sinne von Riemann), bei dem über Zerlegungen des Integrationsbereiches summiert wird, gibt es bekanntlich noch den Zugang nach Lebesgue, bei dem der *Wertebereich* des Integranden zerlegt wird. Die Funktionswerte werden, grob gesprochen, jeweils mit dem Maß des Integrationsbereiches multipliziert, auf dem sie angenommen werden, bevor darüber summiert wird. In seinem Vorschlag für eine Integrationstheorie mit unscharfen Maßen, wie sie im Abschnitt 5.3 eingeführt wurden, geht SUGENO (1974) von einer Menge $\mathfrak{A} \subseteq \mathfrak{P}(\mathcal{X})$ aus, die bez. monotoner Mengenfolgen $\{\mathcal{A}_i\}$, $\mathcal{A}_i \in \mathfrak{P}(\mathcal{X})$ abgeschlossen ist. Dann soll das unscharfe Maß Q darauf die Stetigkeitsbedingung (5.54) erfüllen. Obwohl SUGENO (1974), (1977) wesentliche Aussagen seiner Theorie für den „unscharf meßbaren" Raum $[\mathcal{X}, \mathfrak{A}]$ zeigen kann, soll im folgenden, zur mathematischen Bequemlichkeit, ein *unscharfer Maßraum* $[\mathcal{X}, \mathfrak{B}, Q]$ mit einer passenden σ-Algebra $\mathfrak{B}$ über $\mathcal{X}$ zugrunde gelegt werden.

Sei nun $h: \mathcal{X} \to [0, 1]$ eine $\mathfrak{B}$-meßbare Funktion und $\mathcal{A} \in \mathfrak{P}(\mathcal{X})$, dann ist die Sugenosche Definition eines *unscharfen Integrals* äquivalent mit

$$⨍_{\mathcal{A}} h(x) \circ Q(.) = \sup_{\alpha \in [0,1]} \min\,\{\alpha, Q(\mathcal{A} \cap h^{\geq \alpha})\} \tag{5.96}$$

mit $h^{\geqq\alpha} = \{x \in \mathscr{X} \mid h(x) \geqq \alpha\}$. Die Beschränkung auf den Bildbereich [0, 1] für h ist wesentlich und dem Zweck angepaßt, unscharfe Maße für unscharfe Mengen einzuführen. Ein Abgehen hiervon wirkt künstlich (vgl. dazu KANDEL (1979), RALESCU (1982)). Gelegentlich gelingt es, auch für andere Probleme bei der Aufgabenformulierung, die zur scharfen Integration führen wird, die Funktion h so zu definieren, daß [0, 1] der natürliche oder ein passender Wertebereich ist.

Von den bekannten Eigenschaften der Integrale gelten, wegen der fehlenden Additivität des Maßes, in der Regel nur noch Monotonieaussagen, z. B. für $\mathscr{A} \in \mathfrak{B}$

$$\forall\, x \in \mathscr{A}: h(x) \leqq h'(x) \Rightarrow \oint_{\mathscr{A}} h(x) \circ Q(.) \leqq \oint_{\mathscr{A}} h'(x) \circ Q(.) \tag{5.97}$$

und

$$\oint_{\mathscr{A}} \max\,\{h_1(x), h_2(x)\} \cdot Q(.) \geqq \max \left\{\oint_{\mathscr{A}} h_1(x) \circ Q(.), \oint_{\mathscr{A}} h_2(x) \circ Q(.)\right\} \tag{5.98}$$

(für das Minimum entsprechend).

Sei nun $m_{\mathscr{A}}$ die charakteristische Funktion von $\mathscr{A} \in \mathfrak{P}(\mathscr{X})$, dann ist, wegen $\left(\mathscr{A} \cap (m_{\mathscr{A}})^{\geqq\alpha}\right) = \mathscr{A}$ für alle $\alpha \in (0, 1]$,

$$\oint_{\mathscr{A}} 1 \circ Q(.) = \oint_{\mathscr{X}} m_{\mathscr{A}}(x) \circ Q(.) = Q(\mathscr{A}) \tag{5.99}$$

und analog

$$\oint_{\mathscr{A}} h(x) \circ Q(.) = \oint_{\mathscr{X}} \min\,\{m_{\mathscr{A}}(x), h(x)\} \circ Q(.)\,. \tag{5.100}$$

Falls die Zugehörigkeitsfunktion m_A einer unscharfen Menge $A \in \mathfrak{F}(\mathscr{X})$ $\mathfrak{B}$-meßbar ist, kann man (5.99) benutzen, um $Q(A)$ einzuführen, und (5.100), um die Integration über *unscharfe* Bereiche zu definieren.

Eine zu (5.97) und (5.98) analoge Monotonie zeigt das unscharfe Sugeno-Integral (5.96) auch bez. des Integrationsbereiches

$$\mathscr{A} \subseteq \mathscr{B} \Rightarrow \oint_{\mathscr{A}} h(x) \circ Q(.) \leqq \oint_{\mathscr{B}} h(x) \circ Q(.) \tag{5.101}$$

$$\oint_{\mathscr{A} \cup \mathscr{B}} h(x) \circ Q(.) \geqq \max \left\{\oint_{\mathscr{A}} h(x) \circ Q(.), \oint_{\mathscr{B}} h(x) \circ Q(.)\right\} \tag{5.102}$$

(für das Minimum entsprechend).

Weitere Ergebnisse über unscharfe Integrale und insbesondere über das mathematisch interessante Problem der Vertauschung der Reihenfolge von Integration und anderen Grenzwertbildungen finden sich in SUGENO (1974). Lediglich ein Resultat soll hier erwähnt werden. Sei speziell P ein Wahrscheinlichkeitsmaß, dann lassen sich das scharfe und das unscharfe Integral bez. dieses Maßes bilden, und es gilt

$$\left| \int_{\mathcal{X}} h(x) \,\mathrm{d}P(x) - ⨍_{\mathcal{X}} h(x) \circ P(.) \right| \leqq 1/4 . \qquad (5.103)$$

Wegen der Analogie nennt man das unscharfe Integral auch *unscharfen Erwartungswert* von h.

Die Integrationstheorie im Sinne von SUGENO läßt sich, analog zum Vorgehen in der Wahrscheinlichkeitstheorie, zur Konzipierung einer Theorie bedingter unscharfer Maße benutzen. Sei $\Phi\colon \mathcal{X} \to \mathcal{Y}$ eine Abbildung des Grundbereiches $\mathcal{X}$ in den Grundbereich $\mathcal{Y}$ des meßbaren Raumes $[\mathcal{Y}, \mathfrak{B}^{\Phi}]$, dann sei Q^{Φ} das überpflanzte Maß für die $(\mathfrak{B}, \mathfrak{B}^{\Phi})$-meßbare Abbildung Φ in der üblichen Weise

$$\forall\, \mathcal{A} \in \mathfrak{B}^{\Phi}\colon Q^{\Phi}(\mathcal{A}) = Q(\Phi^{-1}(\mathcal{A})) .$$

Führt man nun eine *Äquivalenz* unter allen meßbaren Funktionen über $[\mathcal{X}, \mathfrak{B}, Q]$ durch die Beziehung

$$\forall\, \mathcal{A} \in \mathfrak{B}\colon ⨍_{\mathcal{A}} h(x) \circ Q(.) = ⨍_{\mathcal{A}} h'(x) \circ Q(.)$$

ein, dann läßt sich über $\mathfrak{B}$ ein *bedingtes unscharfes Maß* $Q(. \mid \Phi = y)$ dadurch definieren, daß man für $Q(\mathcal{E} \mid \Phi = y)$ den Repräsentanten in der Funktionenklasse aller meßbaren Funktionen h wählt, die bez. Q äquivalent sind und der Bedingung

$$Q(\mathcal{E} \cap \Phi^{-1}(\mathcal{F})) = ⨍_{\mathcal{F}} h(y) \circ Q^{\Phi}(.)$$

genügen, wobei

$$\Phi^{-1}(\mathcal{F}) = \{x \in \mathcal{X} \mid \Phi(x) \in \mathcal{F}, \mathcal{F} \subseteq \mathcal{Y}\}$$

zu nehmen ist. Dann verbindet $Q(. \mid \Phi = y)$ den Maßraum $[\mathcal{Y}, \mathfrak{B}^{\Phi}, Q^{\Phi}]$ mit $[\mathcal{X}, \mathfrak{B}, Q]$ anstelle von Φ. Selbst wenn zwei Maßräume dergestalt miteinander verknüpft sind, wird sich Φ nicht immer explizit angeben lassen. Man schreibt dann $Q(. \mid \Phi = y)$ als $Q_{\mathcal{X}}(. \mid y)$ und nennt es *bedingtes unscharfes Maß* von $\mathcal{Y}$ nach $\mathcal{X}$.

Der Zugang von SUGENO ist nicht die einzige Möglichkeit, Integrale bez. unscharfer Maße zu definieren und diese für unscharfe Mengen zu verallgemeinern. Ein Beispiel ist die auf ZADEH

(1968) zurückgehende Definition (5.31) für die Wahrscheinlichkeit einer unscharfen Menge, die nach (5.103) bis zu 1/4 von der analog zu (5.99) eingeführten Wahrscheinlichkeit abweichen kann.

Von der Vielzahl anderer Zugänge (s. dazu WEBER (1984)) sei im folgenden ein Vorschlag von SMETS (1981) vorgestellt, um Glaubwürdigkeitsgrade und Plausibilitätsgrade auf unscharfe Mengen zu verallgemeinern.

SMETS betrachtet die Menge $\mathfrak{C}$ aller Wahrscheinlichkeitsmaße P auf $[\mathcal{X}, \mathfrak{B}]$, die für einen gegebenen Glaubwürdigkeitsgrad Cr und den zugehörigen Plausibilitätsgrad Pl (s. (5.66) und (5.67)) die Bedingung erfüllen.

$$\forall \mathcal{A} \in \mathfrak{B}: \mathrm{Cr}(\mathcal{A}) \leqq \mathrm{Prob}(\mathcal{A}) \leqq \mathrm{Pl}(\mathcal{A}). \qquad (5.104)$$

Man nennt $\mathfrak{C}$ die Menge der mit Cr *kompatiblen Wahrscheinlichkeitsmaße*.

Sei nun $f: \mathcal{X} \to \mathbb{R}$ eine Funktion, für die

$$\mathsf{E}(f, P) = \int_{\mathcal{X}} f(x)\, \mathrm{d}P(x) \qquad (5.105)$$

für alle $P \in \mathfrak{C}$ existiert. Dann wird der *untere Erwartungswert* durch

$$\mathsf{E}_* f = \inf_{P \in \mathfrak{C}} \mathsf{E}(f, P) \qquad (5.106)$$

und der *obere Erwartungswert* durch

$$\mathsf{E}^* f = \sup_{P \in \mathfrak{C}} \mathsf{E}(f, P) \qquad (5.107)$$

eingeführt. Praktikabler ist die äquivalente Darstellung über die abgeleiteten Maße

$$\begin{aligned} F^*(v) &= \mathrm{Pl}(\{x \in \mathcal{X} : f(x) \leqq v\}), \\ F_*(v) &= \mathrm{Cr}(\{x \in \mathcal{X} : f(x) \leqq v\}) \end{aligned} \qquad (5.108)$$

durch

$$\mathsf{E}^*(f) = \int_{-\infty}^{\infty} v\, \mathrm{d}F_*(v), \qquad (5.109)$$

$$\mathsf{E}_*(f) = \int_{-\infty}^{\infty} v\, \mathrm{d}F^*(v), \qquad (5.110)$$

an denen der Erwartungswertcharakter deutlich sichtbar ist.

SMETS (1981) schlägt nun vor, über

$$\mathrm{Cr}\,(A) = \mathsf{E}_*(m_A), \tag{5.111}$$

$$\mathrm{Pl}\,(A) = \mathsf{E}^*(m_A) \tag{5.112}$$

Glaubwürdigkeitsgrad und Plausibilitätsgrad für unscharfe Mengen A einzuführen und weist nach, daß Cr und Pl den entsprechenden Definitionsbedingungen genügen.

Die Bedeutung dieses Zugangs liegt besonders bei Maßräumen mit *endlicher* σ-Algebra $\mathfrak{B}$. Analog zu den bedingten Wahrscheinlichkeiten lassen sich dann bedingte Glaubwürdigkeits- und Plausibilitätsgrade einführen. So ist z. B. der Glaubwürdigkeitsgrad von $\mathcal{A} \in \mathfrak{B}$ unter der Bedingung, daß $\mathcal{B} \in \mathfrak{B}$ „wahr" ist, gegeben durch

$$\mathrm{Cr}\,(\mathcal{A} \mid \mathcal{B}) = \big(\mathrm{Cr}\,(\mathcal{A} \cup \bar{\mathcal{B}}) - \mathrm{Cr}\,(\bar{\mathcal{B}})\big)/\big(1 - \mathrm{Cr}\,(\bar{\mathcal{B}})\big) \tag{5.113}$$

(s. SHAFER (1976)).

5.5. Einige Anwendungen

Eine der typischen Aufgabenstellungen der mathematischen Statistik ist die *Parameterschätzung*. Für den gegebenen praktischen Sachverhalt wird ein *parametisches Modell*, d. h. eine Funktionenschar (Verteilungsfamilie, Regressionsansatz, o. ä.) $\{f(.\,; \mathbf{c})\}$, $\mathbf{c} \in \mathcal{C}$ mit $\mathcal{C} \subseteq \mathbb{R}^r$ entwickelt und angenommen, daß die Beobachtungs- oder Versuchsergebnisse $y_1, \ldots, y_n \in \mathcal{Y}$ Realisierungen entsprechender Zufallsgrößen sind, deren Verteilungsgesetz oder deren Erwartungswerte in dieser Schar liegen. Die Schätzung der Scharparameter erfolgt dann nach gewissen Approximationsprinzipien, z. B. durch Bildung geeigneter Mittelwerte oder mit der bekannten Methode der kleinsten Quadrate.

Wie bereits im Abschnitt 2.2 erläutert, kann man die Ungenauigkeit und Unsicherheit von Beobachtungen und Versuchsergebnissen auch durch die Spezifizierung jeweils einer unscharfen Menge, z. B. eines unscharfen Punktes, berücksichtigen (vgl. (2.47), (2.48), Abb. 2 und 3). Damit lassen sich z. B. unterschiedliche Beobachtungssituationen und -quellen, sowie Vorkenntnisse und Einschätzungen über die in jedem einzelnen Fall vorliegenden Genauigkeits- und Sicherheitsverhältnisse erfassen und berücksichtigen. Andererseits ist es in vielen Fällen unrealistisch anzunehmen, daß diese Beobachtungen alle zu *genau einem* Element der Funktionenschar gehören. Es ist also sinnvoll, auch für das parametrische Modell eine Schar unscharfer Mengen zu spezifizieren.

Es sei der Einfachheit halber der Beobachtungsraum $\mathcal{Y} \subseteq \mathbb{R}$ und $Y_1, \ldots, Y_n$ die als unscharfe Mengen (z. B. als unscharfe Zahlen) gegebenen Beobachtungsergebnisse. Weiterhin bezeichne $\{A(\mathbf{c})\}, \mathbf{c} \in \mathcal{C}$ mit $\mathcal{C} \subseteq \mathbb{R}^r$, eine Schar unscharfer Mengen als *unscharfes parametrisches Modell*. Ein mögliches Vorgehen zur *unscharfen Schätzung* von $\mathbf{c} \in \mathcal{C}$ wäre dann das folgende. Die Beobachtungen werden zuerst in geeigneter Weise zu einer Gesamtbeobachtung Y zusammengefaßt (z. B. durch Vereinigung oder durch Bildung des arithmetischen Mittels der Zugehörigkeitsfunktionen). Dann kann man das Approximationsproblem etwa so deuten, daß die geeignet definierte Differenz, z. B. entsprechend dem Erweiterungsprinzip gebildet,

$$D = Y - A(\mathbf{c}) \tag{5.114}$$

möglichst wenig von der (scharfen) Zahl Null abweichen soll. Hierfür ist

$$F_2(\mathbf{c}; p) = \int_{\mathbb{R}} |y|^p \, m_D(y; \mathbf{c}) \, \mathrm{d}y \tag{5.115}$$

mit $p \geqq 1$ und m_D der von $\mathbf{c}$ abhängigen Zugehörigkeitsfunktion von D, ein *Energiemaß* gemäß (5.16) bis (5.18), das man als Optimalitätskriterium zur Bestimmung eines optimalen Parameterwertes $\mathbf{c}^*$ nehmen könnte.

Bei der Anwendung macht sich zuweilen nachteilig bemerkbar, daß für F_2 auch die *leere Menge* einen minimalen Funktionswert liefert, F_2 also kein Unsicherheitsmaß gemäß (5.24) ist. Dies ist auch für nichtendliche Grundbereiche unangenehm. Daher wird empfohlen, das Funktional (5.115) zu erweitern zu

$$F_{20}(\mathbf{c}; p) = F_2(\mathbf{c}; p) + \big(1 - m_D(0; \mathbf{c})\big). \tag{5.116}$$

Dies ist dann zwar weder ein Energie- noch ein Unsicherheitsmaß, aber es erfüllt den verlangten Zweck. Weiterhin ist es ein Beispiel, wie von Unschärfemaßen ausgehend weitere Bewertungen unscharfer Mengen gewonnen werden können. Eine Alternative zu F_{20} wäre

$$F_{21}(\mathbf{c}; p) = \sup_{y \in \mathcal{Y}} \big(|y|^p \, m_D(y; \mathbf{c})\big) + \big(1 - m_D(0; \mathbf{c})\big). \tag{5.117}$$

Die Funktionale F_{20} und F_{21} reflektieren die aus der Approximationstheorie bekannten unterschiedlichen Betrachtungsweisen: Approximation im p-ten Mittel und gleichmäßige Approximation.

Anwendungen dieser Funktionale in der Datenanalyse finden sich z. B. in BANDEMER/NÄTHER (1988) und BANDEMER/OTTO (1988). In der letztgenannten Arbeit werden sie zum Vergleich von Spektren in der analytischen Chemie benutzt. Die Spektren werden als unscharfe Funktionen betrachtet, deren Differenz die Nullfunktion $f(t) \equiv 0$ approximieren soll. Die Funktionale F_{20} und F_{21} hängen dabei vom Parameter t ab, über den noch integriert wird.

Bei der Anwendung der Theorie der Differentialgleichungen auf praktische Probleme wird sehr häufig die Bedeutung der Ergebnisse dadurch gemindert, daß man für die Bestimmung der Lösung annehmen muß, daß z. B. die Koeffizienten und Randwerte genau bekannt sein müssen. Dies hat zur Entwicklung einer Theorie geführt, in der angenommen wird, daß diese Koeffizienten oder Randwerte gewissen Wahrscheinlichkeitsverteilungen genügen. Andererseits sind für den konkreten Anwendungsfall häufig nur ungenaue „Beobachtungen" über die vorliegenden Realisierungen der entsprechenden Zufallsgrößen verfügbar, z. B. nur Expertenschätzungen mit entsprechenden Ungenauigkeitseinschätzungen. Auch in diesem Fall kann der Erwartungswert der Lösung *scharf geschätzt* werden, wie am folgenden Beispiel deutlich werden soll.

Sei ein Parameter v, der einer Verteilung P auf $\mathcal{V}$ genügt, und eine Differentialgleichung mit

$$dy/dx + q_1(v)\, y = q_2(v), \quad q_1(v) > 0 \quad \text{für alle} \quad v \in \mathcal{V} \tag{5.118}$$

gegeben, deren Koeffizienten q_1, q_2 als Funktionen von v bekannt sind. Die allgemeine Lösung von (5.118) lautet

$$y(x, v) = c \exp\{-q_1(v)\, x\} + q_2(v)/q_1(v) \tag{5.119}$$

und für den (scharfen) Anfangswert $y(0) = 0$ speziell

$$y(x, v) = \big(q_2(v)/q_1(v)\big)\, [1 - \exp\{-q_1(v)\, x\}]. \tag{5.120}$$

Sei nun für v als Beobachtung eine unscharfe Menge V bekannt, dann läßt sich für die Lösung in diesem Fall die (5.31) entsprechende Erwartung angeben:

$$\mathsf{E}_P y(x; V) = \int_{\mathbb{R}} \big(q_2(v)/q_1(v)\big) \, [1 - \exp\{-q_1(v)\, x\}] \, m_V(v) \, \mathrm{d}P(v). \tag{5.121}$$

Weitere Beispiele finden sich bei KANDEL (1986). Dieser Zugang hat vor allem Bedeutung für Probleme der *unscharfen Steuerung* von Prozessen.

Bei der *Diagnose*, z. B. in der Medizin, jedoch nicht nur dort, hat man die verfügbare Information (die Symptome) $x \in \mathcal{X}$ gewissen Sachverhalten $d \in \mathcal{D}$ über eine Beschreibung (die Diagnose) zuzuordnen, die ihrerseits zur Grundlage von Entscheidungen (der Therapie) dienen soll. Die Zuordnung der Information zu den Sachverhalten ist jedoch nicht eindeutig möglich. In der Wahrscheinlichkeitstheorie behandelt man dieses Problem dadurch, daß man die Wahrscheinlichkeiten $\mathrm{Prob}\,(x \mid d)$ dafür spezifiziert, daß ein Symptom x beim Sachverhalt d auftritt. Hat man dazu noch eine A-priori-Verteilung mit $\mathrm{Prob}\,(d)$, $d \in \mathcal{D}$, über die Sachverhalte, dann erhält man A-posteriori-Wahrscheinlichkeiten $\mathrm{Prob}\,(d \mid x)$ dafür, daß der Sachverhalt d vorliegt, wenn Symptom x beobachtet wird, über die Bayessche Formel, z. B. im endlichen Fall

$$\mathrm{Prob}\,(d \mid x) = \frac{\mathrm{Prob}\,(x \mid d)\,\mathrm{Prob}\,(d)}{\sum_{d' \in \mathcal{D}} \mathrm{Prob}\,(x \mid d')\,\mathrm{Prob}\,(d')}. \tag{5.122}$$

Eine *Diagnose* ist eine (verbale) Beschreibung des Sachverhaltes und läßt sich daher als *unscharfe Menge* B über dem Grundbereich $\mathcal{D}$ der Sachverhalte beschreiben, d. h. durch eine Zugehörigkeitsfunktion m_B. Entsprechend der Definition der Wahrscheinlichkeit einer unscharfen Menge gemäß (5.31) ergibt sich die Wahrscheinlichkeit für die Diagnose B, falls x beobachtet wird, aus (5.122) zu

$$\mathrm{Prob}\,(B \mid x) = \sum_{d \in \mathcal{D}} m_B(d)\,\mathrm{Prob}\,(d \mid x). \tag{5.123}$$

Bei der Spezifizierung der Wahrscheinlichkeiten stößt man gelegentlich auf Schwierigkeiten: Die Menge der Sachverhalte entspricht nicht dem sicheren Ereignis, wie für (5.122) notwendig, die Summe der Wahrscheinlichkeiten für gewisse komplementäre Ereignisse kann aus sachlichen Erwägungen gar nicht gleich 1 sein. Das liegt daran, daß die Wahrscheinlichkeiten hier eigentlich gar keinen Zufallsmechanismus beschreiben, sondern fachwissenschaftliche Einschätzungen aus einem Expertenwissen sind.

Daher schlug Smets (1981a) vor, den Zusammenhang von Sachverhalt und Symptom über die Spezifizierung von *Glaubwürdigkeitsgraden* zu modellieren. Dazu werden zuerst, in den als *endlich* angenommen Grundbereichen, Herdmengen und grundlegende Wahrscheinlichkeitszuweisungen $p_{\mathcal{X}}(.\,;d)$ und $p_{\mathcal{D}}(.\,;x)$ im Sinne von (5.64) und (5.65) in Abhängigkeit von den Elementen des jeweils anderen Grundbereiches spezifiziert. So ist gemäß (5.66)

$$\mathrm{Cr}_{\mathcal{X}}\,(\mathcal{A};d) = \sum_{\mathcal{A}_h \subseteq \mathcal{A}} p_{\mathcal{X}}(\mathcal{A}_h;d) \tag{5.124}$$

der Glaubwürdigkeitsgrad für $\mathcal{A} \in \mathfrak{P}(\mathcal{X})$, falls der Sachverhalt $d \in \mathcal{D}$ vorliegt. Die Summe braucht bekanntlich nur über alle Herdmengen $\mathcal{A}_h \in \operatorname{supp} p_{\mathcal{X}}(.\,;d)$ (d. h. mit $p_{\mathcal{X}}(\mathcal{A}_h;d) > 0$) erstreckt werden, für die $\mathcal{A}_h \subseteq \mathcal{A}$ gilt. Nimmt man der Einfachheit halber an, daß der A-priori-Glaubwürdigkeitsgrad über die Sachverhalte die totale Unkenntnis („Ahnungslosigkeit") ausdrückt, d. h. $p_{\mathcal{D}}(\mathcal{D}) = 1$ und $p_{\mathcal{D}}(\mathcal{B}) = 0$ für alle $\mathcal{B} \in \mathfrak{P}(\mathcal{D})$ mit $\mathcal{B} \subseteq \mathcal{D}$, dann wird der A-posteriori-Glaubwürdigkeitsgrad für $\mathcal{B} \in \mathfrak{P}(\mathcal{D})$, falls ein Element x aus $\mathcal{A} \in \mathfrak{P}(\mathcal{X})$ beobachtet wurde (s. Smets (1978)):

$$\mathrm{Cr}_{\mathcal{D}|\mathcal{X}:0}\,(\mathcal{B};\mathcal{A}) = \Big(\sum_{d \in \overline{\mathcal{B}}} \mathrm{Cr}_{\mathcal{X}}\,(\bar{\mathcal{A}};d) - a\Big)\Big/(1-a) \tag{5.125}$$

mit

$$a = \prod_{d \in \mathcal{D}} \mathrm{Cr}_{\mathcal{X}}\,(\bar{\mathcal{A}};d), \tag{5.126}$$

wobei $\mathcal{X}:0$ im Index von Cr andeuten soll, daß totale Unkenntnis über $\mathcal{D}$ vorausgesetzt wird. Smets (1981a) empfiehlt im Falle eines *informativen*, d. h. von der Ahnungslosigkeit abweichenden, A-priori-Glaubwürdigkeitsgrades $\mathrm{Cr}_{\mathcal{D}}$, diesen über die Regel von Dempster (1967) mit $\mathrm{Cr}_{\mathcal{D}|\mathcal{X}:0}$ gemäß (5.125) zu verknüpfen. Sei $p_{\mathcal{D}}$ die grundlegende Wahrscheinlichkeitszuweisung für $\mathrm{Cr}_{\mathcal{D}}$ und $p_{\mathcal{D}|\mathcal{X}:0}$ die zu $\mathrm{Cr}_{\mathcal{D}|\mathcal{X}:0}$ gemäß (5.125), d. h. die zum Fall der Ahnungslosigkeit gehörige a-posteriori-grundlegende Wahrscheinlichkeitszuweisung, dann ergibt sich mit dieser Regel die a-posteriori-grundlegende Wahrscheinlichkeitszuweisung für den informativen Fall zu

$$p_{\mathcal{D}|\mathcal{X}}(\mathcal{B};\mathcal{A}) = \sum_{\substack{\mathcal{S} \in \operatorname{supp} p_{\mathcal{D}|\mathcal{X}:0} \\ \mathcal{C} \in \operatorname{supp} p_{\mathcal{D}} \\ \mathcal{C} \cap \mathcal{S} = \mathcal{B}}} p_{\mathcal{D}|\mathcal{X}:0}(\mathcal{S};\mathcal{A})\, p_{\mathcal{D}}(\mathcal{C})/k \tag{5.127}$$

mit

$$k = 1 - \sum_{\mathcal{S} \cap \mathcal{C} = \emptyset} p_{\mathcal{D}|\mathcal{X}:0}(\mathcal{S}; \mathcal{A})\, p_{\mathcal{D}}(\mathcal{C}), \tag{5.128}$$

mit $\mathcal{S}$ und $\mathcal{C}$ wie in (5.127). Man kann $1 - k$ als den Widerspruch zwischen dem A-priori- und dem „ahnungslosen" A-posteriori-Glaubwürdigkeitsgrad deuten.

Für *unendliche* Grundbereiche wird von SMETS (1981a) empfohlen, eine Verknüpfungsregel von SHAFER (1976) für den Plausibilitätsgrad anzuwenden:

$$\mathrm{Pl}_{\mathcal{D}}(\mathcal{B}; \mathcal{A}) = \sup_{d \in \mathcal{B}} \mathrm{Pl}_{\mathcal{X}}(\mathcal{A}; d) \Big/ \sup_{d \in \mathcal{D}} \mathrm{Pl}_{\mathcal{X}}(\mathcal{A}; d), \tag{5.129}$$

aus der man den Glaubwürdigkeitsgrad Cr gemäß (5.67) erhalten kann. Die (5.123) entsprechende Formel für die Glaubwürdigkeit einer *unscharfen* Diagnose B mit Zugehörigkeitsfunktion m_B über $\mathcal{D}$, falls $x \in \mathcal{A}$ beobachtet wurde, erhält man dann gemäß (5.106) und (5.107), also z. B.

$$\mathrm{Cr}_{\mathcal{D}|\mathcal{X}}(B \mid \mathcal{A}) = \mathsf{E}_*(m_B \mid \mathcal{A}), \tag{5.130}$$

wobei die Bedingung $\mid \mathcal{A}$ in die Formel (5.104) aufzunehmen ist, die den Ausgangspunkt für die Bildung von E_* darstellt.

Mit seiner Theorie der unscharfen Maße und Integrale gelingt es SUGENO (1974), ein unscharfes Analogon zur statistischen Entscheidungstheorie aufzubauen. Ausgangspunkt ist wie dort eine gegebene Menge von *Naturzuständen* $z \in \mathcal{Z}$ und eine Menge von *Entscheidungen* $a \in \mathcal{A}$. Jedoch wird, statt eine *Verlustfunktion* $L: \mathcal{Z} \times \mathcal{A} \to \mathbb{R}^+$ anzugeben, nun eine Zugehörigkeitsfunktion $l: \mathcal{Z} \times \mathcal{A} \to [0, 1]$ spezifiziert, die den *Grad des Verlustes* bedeutet, wenn die Entscheidung a beim Naturzustand z getroffen wird. Die Stelle der Wahrscheinlichkeitsverteilung mit Prob $(x \mid z)$ der *Versuchsergebnisse* $x \in \mathcal{X}$, falls der Naturzustand z vorliegt, übernimmt nun ein bedingtes unscharfes Maß $S_{\mathcal{X}}(. \mid z)$ und die Rolle der A-priori-Verteilung mit Prob (z) das unscharfe Maß $Q_{\mathcal{Z}}(.)$.

Für den Fall, daß eine Entscheidung ohne Beobachtung in $\mathcal{X}$ getroffen werden muß, betrachtet SUGENO den unscharfen Erwartungswert bez. a

$$\mathsf{E}_F l(a) = \oint_{\mathcal{Z}} l(z, a) \circ Q_{\mathcal{Z}}(.). \tag{5.131}$$

Da er den Verlust als unscharfe Menge eingeführt hat, hält es SUGENO für zweifelhaft, ob eine, zum statistischen Vorgehen analoge, Wahl einer scharfen Entscheidung mit

$$\mathsf{E}_F l(a^*) = \inf_{a \in \mathcal{A}} \mathsf{E}_F l(a) \quad (5.132)$$

sinnvoll ist und empfiehlt eine *unscharfe* Entscheidung B mit $m_B: \mathcal{B} \to [0, 1]$, ein gewisses Analogon zur randomisierten Entscheidung.

Dazu erweitert er die „Verlustfunktion" l zu einer *Mengenfunktion* über $\mathfrak{F}(\mathcal{A})$, d. h., für alle $B \in \mathfrak{F}(\mathcal{A})$ soll

$$1 - l(z, B) = \max_{a \in \mathcal{A}} \min \{m_B(a), 1 - l(z, a)\} \quad (5.133)$$

gelten, und empfiehlt als unscharfe Entscheidung A^* die zur Zugehörigkeitsfunktion

$$m_{A^*}(a) = \oint_{\mathcal{Z}} \left(1 - l(z, a)\right) \circ Q_{\mathcal{Z}}(.) \quad (5.134)$$

gehörende unscharfe Menge. Betrachtet man $1 - l$ als „Gewinn", dann stellt $m_{A^*}(a)$ die Gewinnerwartung bei der Entscheidung a dar. Der Zugehörigkeitswert ist hoch, wenn diese Erwartung hoch ist, man nennt A^* daher *vermutlich-gut*. Mit der Definition (5.133) kann man zeigen, daß (Sugeno (1974)) gilt

$$\oint_{\mathcal{Z}} \left(1 - l(z, A^*)\right) \circ Q_{\mathcal{Z}}(.) = \max_{a \in \mathcal{A}} \oint_{\mathcal{Z}} \left(1 - l(z, a)\right) \circ Q_{\mathcal{Z}}(.), \quad (5.135)$$

ein Analogon zur Aussage über optimale randomisierte Entscheidungen.

Hat man die Möglichkeit, vor der Entscheidung zu beobachten, so gilt es eine Strategie $t: \mathcal{X} \to \mathcal{A}$ zu wählen. Analog zum Bayesschen Risiko hat man die unscharfe Erwartung

$$\mathsf{E}_F l(t) = \oint_{\mathcal{Z}} \left[\oint_{\mathcal{X}} l(z, t(x)) \circ S_{\mathcal{X}}(. \mid z)\right] Q_{\mathcal{Z}}(.). \quad (5.136)$$

Eine *unscharfe Strategie* T ist nun entsprechend durch ihre Zugehörigkeitsfunktion $m_T(x, a)$ gegeben, aus der die unscharfe Entscheidung für gegebenes x durch den Schnitt

$$m_{T(x)}(a) = m_T(x, a) \quad (5.137)$$

erhalten wird. Entsprechende Überlegungen wie bei dem Entscheidungsfall ohne Beobachtung führen zur *vermutlich-guten* Strategie T^* mit der Zugehörigkeitsfunktion

$$m_{T^*}(x, a) = \oint_{\mathcal{Z}} \left(1 - l(z, a)\right) \circ S_{\mathcal{Z}}(. \mid x), \quad (5.138)$$

wobei $S_{\mathcal{Z}}(\cdot \mid x)$ nun das bedingte a-posteriori unscharfe Maß auf $\mathcal{Z}$ nach Beobachtung von x darstellt. Dieses Maß wird aus den entsprechenden Analoga zur Bayesschen Formel

$$\oint_{\mathcal{F}} S_{\mathcal{X}}(\mathcal{E} \mid z) \circ Q_{\mathcal{Z}}(.) = \oint_{\mathcal{E}} S_{\mathcal{Z}}(\mathcal{F} \mid x) \circ Q_{\mathcal{X}}(.) \tag{5.139}$$

(für alle $\mathcal{F}$ und $\mathcal{E}$ aus den entsprechenden σ-Algebren $\mathfrak{B}_{\mathcal{Z}}$ und $\mathfrak{B}_{\mathcal{X}}$) und zur Formel über die totale Wahrscheinlichkeit

$$Q_{\mathcal{X}}(.) = \oint_{\mathcal{Z}} S_{\mathcal{X}}(. \mid z) \circ Q_{\mathcal{Z}}(.) \tag{5.140}$$

gewonnen. (Zur Herleitung von (5.139) und (5.140) s. Sugeno (1974).)

Es gilt dann eine (5.135) entsprechende Aussage

$$\oint_{\mathcal{X}} \left[\oint_{\mathcal{Z}} \Big(1 - l\big(z, T^*(x)\big)\Big) \circ S_{\mathcal{Z}}(. \mid x) \right] \circ Q_{\mathcal{X}}(.)$$

$$= \oint_{\mathcal{X}} \left[\max_{a \in \mathcal{A}} \oint_{\mathcal{Z}} \big(1 - l(z, a)\big) \circ S_{\mathcal{Z}}(. \mid x) \right] \circ Q_{\mathcal{X}}(.), \tag{5.141}$$

die die Wahl von $T^*(x)$ als „optimale" Strategie begründet. Anwendung auf praktische Fälle, die einer statistischen Behandlung nicht zugänglich sind, da sie von subjektiven Bewertungen ausgehen müssen, werden in Sugeno (1974) dargestellt.

Unabhängig von dem Entscheidungsmodell verwenden Sugeno/Terano (1977) das A-posteriori-Konzept der bedingten unscharfen Maße für ein *Lernmodell*. Dazu wird $\mathcal{Z}$ als Menge von Ursachen gedeutet, für die ein A-priori-Maß $Q_{\mathcal{Z}}$ gegeben ist, das unter der Beobachtung x mit dem gegebenen bedingten unscharfen Maß $S_{\mathcal{X}}(. \mid z)$ zum *a-posteriori*-bedingten Maß $S_{\mathcal{Z}}(. \mid x)$ zu aktualisieren ist, das für den nächsten Beobachtungsschritt wieder als A-priori-Maß verwendet wird. Bei unscharfen Beobachtungen A über $\mathcal{X}$ sind die Maße ausgehend von (5.99) auf unscharfe Mengen zu erweitern.

Schließlich sei erwähnt, daß sich mit dem unscharfen Erwartungswert

$$\mathsf{E}_F A = \oint_{\mathcal{X}} m_A(x) \circ Q(.) \tag{5.142}$$

ein System von Kenngrößen für unscharfe Beobachtungen A bez. eines vorgefaßten Maßes Q entwickeln läßt, das gewisse Analogien zu Kenngrößen der beschreibenden Statistik (Mittelwert, Median) aufweist und daher von KANDEL (1986) als „unscharfe Statistik“ bezeichnet wird.

Ein anspruchsvolles Problem der mathematischen Statistik ist dagegen die Untersuchung von Abhängigkeiten, wenn die beteiligten Größen ungenau und unsicher sind. Bei einer Modellierung der Ungenauigkeit durch die Spezifizierung von Zufallsvektoren ist das Problem der Bestimmung funktionaler Beziehungen zwischen den Komponenten bisher nur in einfachen Spezialfällen gelöst (SCHMERLING/BANDEMER (1985)). Im Unterschied dazu wird bei einer Modellierung mit Mitteln der Theorie unscharfer Mengen die Ungenauigkeit und Unsicherheit jeder *einzelnen* Beobachtung jeweils als unscharfe Menge spezifiziert. Dies erlaubt z. B. auch die Benutzung von Informationen aus völlig unterschiedlichen Quellen. Unscharfe Beobachtungen werden gewöhnlich als *unscharfe Punkte* (vgl. Abschnitt 2.2) im $\mathbb{R}^k$ angegeben, z. B. durch

$$m_{M_i}(\boldsymbol{x}) = [1 - (\boldsymbol{x} - \boldsymbol{x}_i)^{\mathsf{T}} \boldsymbol{B}_i(\boldsymbol{x} - \boldsymbol{x}_i)]^+ , \qquad (5.143)$$

wobei $\boldsymbol{x}, \boldsymbol{x}_i \in \mathbb{R}^k$ und $\boldsymbol{B}_i$ eine $k \times k$-Matrix ist, die die Ungenauigkeit und Unsicherheit von M_i, $i = 1, \ldots, n$, angibt. Mit diesen M_i lassen sich nun analoge Techniken zu denen der mathematischen Statistik entwickeln. So kennt die explorative Datenanalyse die Technik der Projektionsjagden: k-dimensionale punktförmige Beobachtungen werden in eine Folge geringerdimensionaler ($l = 2, 3$) linearer Unterräume projiziert, um dort Punktmuster oder funktionale Zusammenhänge zu erkennen. Dies geht auch mit den M_i, wenn man das Projektionsprinzip für unscharfe Mengen verwendet. Die projizierten Beobachtungen haben wieder die gleiche Struktur wie (5.143) und müssen vor der Inspektion geeignet aggregiert werden (z. B. über eine Vereinigung), s. dazu BANDEMER/NÄTHER (1988).

Auch ein Analogon zur empirischen Regression, bei der die Beobachtungen *lokal* durch einfache Funktionen angepaßt werden, ist für unscharfe Beobachtungen sehr einfach möglich. Die Beobachtungen werden vereinigt durch

$$M = \bigcup_i M_i \colon m_M(\boldsymbol{x}) = \max_i m_{M_i}(\boldsymbol{x}) , \qquad (5.144)$$

und als lokaler Zusammenhang wird die *Maximalspur* bez. einer ausgewählten Komponente, z. B. $y = x_k$ gewählt:

$$y(x_1, \ldots, x_{k-1}) = \arg \sup_{x_1, \ldots, x_{k-1}} m_M(x_1, \ldots, x_{k-1}, y) . \qquad (5.145)$$

Anwendungsbeispiele hierzu findet man in BANDEMER/ROTH (1987) und BANDEMER/KRAUT/VOGT (1988). Für den impliziten Fall, daß keine Komponente ausgezeichnet werden soll, kann der Zusammenhang durch die Bildung der *Wasserscheiden* der Funktion m_M lokal deutlich gemacht werden. Maximalspur und Wasserscheiden sind in der Regel nicht eindeutige Kurven oder Flächen und nicht unbedingt stetig, sie geben aber ein erstes Bild über den möglichen globalen Zusammenhang. Dieses Bild kann man zur Auswahl eines *Ansatzes* ausnutzen, d. h. zur Wahl einer Schar von funktionalen Beziehungen, z. B. im expliziten Fall $y = x_k$; $(x_1, \ldots, x_{k-1})^\mathsf{T} = \boldsymbol{x}$; $\boldsymbol{a} \in \mathcal{A} \subseteq \mathbb{R}^r$

$$y = f(\boldsymbol{x}; \boldsymbol{a}). \tag{5.146}$$

Eine Möglichkeit, die in M enthaltene unscharfe Information in die Parametermenge $\mathcal{A}$ zu übertragen, ist die Bildung der erwarteten Kardinalität, entweder bez. eines endlichen Maßes P

$$m_E(\boldsymbol{a}) = \int\limits_{\mathbb{R}^{k-1}} m_M\big(\boldsymbol{x}, f(\boldsymbol{x}; \boldsymbol{a})\big) \, \mathrm{d}P(\boldsymbol{x}) \tag{5.147}$$

oder bez. eines unscharfen Maßes Q

$$m_F(\boldsymbol{a}) = \fint\limits_{\mathbb{R}^{k-1}} m_M\big(\boldsymbol{x}, f(\boldsymbol{x}; \boldsymbol{a})\big) \circ Q(.) \tag{5.148}$$

(s. BANDEMER (1985)). Man erhält jeweils eine unscharfe Menge A_E, A_F über $\mathcal{A}$, die als Analoga zu den Konfidenzschätzungen der mathematischen Statistik verwendet werden können. Das Auftauchen der Maße P bzw. Q ist keine zusätzliche Modellnotwendigkeit, sondern eine Möglichkeit, die Information bez. des Basisraumes objektiv oder subjektiv zu wichten, im gewöhnlichen Fall wird man Gleichverteilungen wählen.

Weiterhin kann man m_E (und m_F) zur unscharfen *Vorhersage*

$$m_V(y; \boldsymbol{x}_0) = \sup_{\substack{\boldsymbol{a} \in \mathcal{A} \\ y = f(\boldsymbol{x}_0; \boldsymbol{a})}} m_E(\boldsymbol{a}) \tag{5.149}$$

und zur unscharfen *Kalibrierung*

$$m_K(\boldsymbol{x}; y_0) = \sup_{\substack{\boldsymbol{a} \in \mathcal{A} \\ y_0 = f(\boldsymbol{x}; \boldsymbol{a})}} m_E(\boldsymbol{a}) \tag{5.150}$$

benutzen (Beispiele in OTTO/BANDEMER (1986)).

Ein zu (5.147) und (5.148) alternativer Vorschlag für die Übertragung der Information in die Parametermenge findet sich in BANDEMER/SCHMERLING (1985).

Schließlich kann dieser Zugang auch für den impliziten Fall,

$$\boldsymbol{x} = (x_1, \ldots, x_k)^{\mathsf{T}}, \quad \boldsymbol{a} \in \mathcal{A} \subseteq \mathbb{R}^r$$

$$f(\boldsymbol{x}; \boldsymbol{a}) = 0 \tag{5.151}$$

erweitert werden (Bandemer/Gerlach (1985)). Eine Anwendung auf die Gestaltsbeschreibung von natürlichen Partikeln findet man in Bandemer/Kraut (1988).

Für latente Variable, z. B.

$$z_1 = f_1(x_1, \ldots, x_j); \quad z_2 = f_2(x_{j+1}, \ldots, x_k), \tag{5.152}$$

läßt sich für den Zusammenhang

$$f_3(z_1, z_2) = 0 \tag{5.153}$$

mit entsprechenden Ansätzen für f_1, f_2 und f_3 für unscharfe Beobachtungen M_i ein Verfahren angeben, das der Methode der partiellen kleinsten Quadrate (Wold (1982)) analog ist (Bandemer/Näther (1988)).

Literaturverzeichnis

Die folgenden Literaturangaben sind nach dem Namen des Verfassers bzw. des zuerst genannten Verfassers oder Herausgebers und der Jahreszahl des Erscheinens geordnet. Abkürzungen wurden wegen häufiger auftretender Verweise benutzt für eine Reihe von Sammelbänden; dies sind:

AFSTA – Advances in Fuzzy Set Theory and Applications (M. M. GUPTA, R. K. RAGADE, R. R. YAGER, Hrsg.), North-Holland Publ. Comp., Amsterdam, 1979.

ARDA – Approximate Reasoning in Decision Analysis (M. M. GUPTA, E. SANCHEZ, Hrsg.), North-Holland Publ. Comp., Amsterdam, 1982.

ARES – Approximate Reasoning in Expert Systems (M. M. GUPTA et al. Hrsg.), North-Holland Publ. Comp., Amsterdam, 1985.

FADP – Fuzzy Automata and Decision Processes (M. M. GUPTA, G. N. SARIDIS, B. N. GAINES, Hrsg.), North-Holland Publ. Comp., Amsterdam, 1977.

FFH D170 – Problems of Evaluation of Functional Relationships from Random-Noise or Fuzzy Data (H. BANDEMER, Hrsg.) Heft D170 der Reihe: Freiberger Forschungshefte, VEB Deutscher Verlag für Grundstoffindustrie, Leipzig, 1985.

FFH D187 – Some Applications of Fuzzy Set Theory in Data Analysis (H. BANDEMER, Hrsg.) Heft D187 der Reihe: Freiberger Forschungshefte, VEB Deutscher Verlag für Grundstoffindustrie, Leipzig, 1988. (Teil II erscheint 1989 als Freiberger Forschungsheft D 197).

FIDP – Fuzzy Information and Decision Processes (M. M. GUPTA, E. SANCHEZ, Hrsg.), North-Holland Publ. Comp., Amsterdam, 1982.

FSAMAR – Fuzzy Sets Applications, Methodological Approaches, and Results (St. BOCKLISCH et al., Hrsg.); Mathematische Forschung, Bd. 30, Akademie-Verlag, Berlin, 1986.

IAFC – Industrial Applications of Fuzzy Control (M. SUGENO, Hrsg.), North-Holland Publ. Comp., Amsterdam, 1985.

MDSS – Management Decision Support Systems Using Fuzzy Sets and Possibility Theory (J. KACPRZYK, R. R. YAGER, Hrsg.), Verlag TÜV Rheinland, Köln, 1985.

Außerdem wurden die Namen einiger oft zitierter Zeitschriften abgekürzt; dies sind:

EIK – Elektronische Informationsverarbeitung und Kybernetik;

FSS — Fuzzy Sets and Systems;
IJMMS — International Journal of Man-Machine Studies.

ADLASSNIG, K.-P. (1982): A survey on medical diagnosis and fuzzy subsets. In: ARDA, 203—217.

—; KOLARZ, G. (1982): CADIAG-2: Computer-assisted medical diagnosis using fuzzy subsets. In: ARDA, 219—247.

AHNERT, G. (1986): Fuzzysteuerung von verfahrenstechnischen Prozessen mittels Beratungsrechner am Beispiel der An- und Abfahrsteuerung von Pyrolyseöfen. Dissertation A, TH Leipzig.

ALEXEYEV, A. V. (1985): Fuzzy algorithms execution software: the FAGOL system. In: MDSS, 289—300.

ANDERBERG, M. R. (1973): Cluster Analysis for Applications. Academic Press, New-York.

ARENDT, F.; STRAUBE, B.; HANSEL, N. (1979): Durchflußvorhersage für Flüsse mittels unscharfer Mengen. Acta Hydrophysica **24**, 221—240.

ASAI, K.; TANAKA, H.; OKUDA, T. (1975): Decision-making and its goal in a fuzzy environment. In: Fuzzy Sets and Their Applications to Cognitive and Decision Processes (L. A. ZADEH et al., Hrsg.) Academic Press, New York, 257—277.

BALAS, E.; PADBERG, M. W. (1976): Set partitioning: A survey. SIAM Rev. **18**, 710—760.

BALDWIN, J. F. (1985): A knowledge engineering fuzzy inference language — FRIL. In: MDSS, 253—269.

—; BALDWIN, P.; BROWN, S. (1985): A natural language interface for FRIL. In: MDSS, 270—279.

BANDEMER, H. (1985): Evaluating explicit functional relationships from fuzzy observations. FSS **16**, 41—52.

— (1987): From fuzzy data to functional relationships. Math. Modelling **9**, 419—426.

— (1989): A special measure of uncertainty. FSS (im Druck).

—; GERLACH, W. (1985): Evaluating implicit functional relationships from fuzzy observations. FHH D170, 101—118.

—; KRAUT, A. (1988): Fuzzy-theory-based computer-aided particle shape description, FSS **27**, 105—113.

—; KRAUT, A.; VOGT, F. (1988): Evaluation of hardness curves at thin surface layers — A case study on using fuzzy observations — FFH D 187, 9—26.

—; NÄTHER, W. (1988): Fuzzy analogues for partial-least-squares techniques in multivariate data analysis, FFH D 187, 62—77.

—; — (1988a): Fuzzy projection pursuits. FSS **27**, 141—147.

—; OTTO, M. (1988): Methods to compare functions and some applications in analytical chemistry. FFH D 187, 27—38.

—; ROTH, K. (1987): A method of fuzzy-theory-based computeraided exploratory data analysis. Biom. J. **29**, 497—504.

—; SCHMERLING, S. (1985): Evaluating explicit functional relationships by fuzzifying the statement of its satisfying. Biom. J. **27**, 149—157.

BELLMAN, R.; GIERTZ, M. (1973): On the analytic formalism of the theory of fuzzy sets. Information Sci. **5**, 149—156.

—; ZADEH, L. A. (1970): Decision-making in a fuzzy environment. Management Science **17**, B141—B164 [s. auch ZADEH (1987)].

—; — (1977): Local and fuzzy logics. In: Modern Uses of Multiple-Valued Logic (J. M. DUNN, G. EPSTEIN, Hrsg.), Reidel, Dordrecht, 105—165.

BEZDEK, J. C. (1973): Fuzzy Mathematics in Pattern Classification. Ph. D. Thesis, Cornell University, Ithaca.

— (1974): Numerical taxonomy with fuzzy sets. J. Math. Biol. **1**, 57—71.

— (1981): Pattern Recognition with Fuzzy Objective Function Algorithms. Plenum Press, New York.

BOCKLISCH, S. (1987): Prozeßanalyse mit unscharfen Verfahren. Verlag Technik, Berlin.

—; BURMEISTER, J.; PAULINUS, D. (1987/88): Anwendung eines Klassifikationskonzeptes für die Automatisierung in der Schweißtechnik. I, II. ZIS-Mitteilungen **29**, 1005—1014; **30**, 127—136.

BÖHME, B. (1983): Optimierende Steuerung komplexer verfahrenstechnischer Systeme bei unvollständiger Ausgangsinformation. Dissertation B, TH Leipzig.

BORISOV, A. N. et. al. (1982): Decision-Making Models on the Basis of Linguistic Variables (in Russisch). Science, Riga.

BRETSCHNEIDER, U. (1988): Untersuchungen zur Verbesserung der operativen Steuerung der kontinuierlichen Roggenbrotherstellung. Dissertation A, Humboldt-Universität, Berlin.

CARLSSON, C. (1984): Fuzzy Set Theory for Management Decisions. TÜV Rheinland, Köln.

CERUTTI, S.; PIERI, C. T. (1981): A method for the quantification of the decision-making process in a computer-oriented medical record. Intern. J. Bio-Medical Computing **12**, 29—57.

CHAPIN, E. W. (1974/75): Set-valued set theory. I, II. Notre Dame J. Formal Logic **15**, 614—634; **16**, 255—267.

CHOLEWA, W. (1985): Aggregation of fuzzy opinions — an axiomatic approach. FSS **17**, 249—258.

CIVANLAR, M. R.; TRUSSELL, H. J. (1986): Constructive membership functions using statistical data. FSS **18**, 1—13.

CZOGALA, E.; GOTTWALD, S.; PEDRYCZ, W. (1982): Aspects for the evaluation of decision situations. In: FIDP, 41—49.

—; HIROTA, K. (1986): Probabilistic Sets: Fuzzy and Stochastic Approach to Decision, Control and Recognition Processes. TÜV Rheinland, Köln.

—; PEDRYCZ, W. (1981): On identification in fuzzy systems and its application in control problems. FFS **6**, 73—83.

—; — (1985): Elementy i Methody Teorii Zbiorow Rozmytych. PWN, Warschau (in Polnisch).

DE LUCA, A.; TERMINI, S. (1979): Entropy and energy measures of a fuzzy set. In: AFSTA, 321—338.

Demster, A. P. (1967): Upper and lower probabilities induced by a multivalued mapping, Ann. Math. Stat. **38**, 325–329.

DiNola, A. (1985): Relational equations in totally ordered lattices and their complete resolution. J. Math. Anal. Appl. **107**, 148–155.

Dubois, D.; Prade, H. (1978): Operations on fuzzy numbers. Intern. J. Systems Sci. **9**, 613–626.

—; — (1980): Fuzzy Sets and Systems. Theory and Applications. Academic Press, New York.

—; — (1980a): Systems of linear fuzzy constraints. FSS **3**, 37–48.

—; — (1982): On several representations of an uncertain body of evidence. In: FIDP, 167–181.

—; — (1984): A note on measures of specificity for fuzzy sets. BUSEFAL **19**, 83–89.

—; — (1985): Théorie des Possibilités: Applications à la Représentation des Connaissances. Masson, Paris.

—; — (1987): Properties of measures of information in evidence and possibility theories. FSS **24**, 161–182.

Dunn, J. C. (1974): A fuzzy relative of the ISODATA-process and its use in detecting compact, well separated clusters. J. Cybern. **3**, 32–57.

Fisz, M. (1962): Wahrscheinlichkeitsrechnung und mathematische Statistik, DVW, Berlin.

Gaines, B. (1976): Foundations of fuzzy reasoning. IJMMS **8**, 623–668.

Geyer-Schulz, A. (1986): Unscharfe Mengen im Operations Research. VWGÖ, Wien.

Giles, R. (1976): Lukasiewicz logic and fuzzy set theory. IJMMS **8**, 313–327.

— (1979): A formal system for fuzzy reasoning. FSS **2**, 233–257.

Gitman, I.; Levine, M. D. (1970): An algorithm for detecting unimodal fuzzy sets and its application as a clustering technique. IEEE Trans. Comput. **19**, 583–593.

Goguen, J. A. (1968/69): The logic of inexact concepts. Synthese **19**, 325–373.

— (1974): Concept representation in natural and artificial languages: axioms, extensions and applications for fuzzy sets. IJMMS **6**, 513–561.

Gottwald, S. (1979): A note on measures of fuzziness. EIK **15**, 221–223.

— (1979a): Mengentheoretische Eigenschaften unscharfer Begriffe. Math. Nachrichten **91**, 363–374.

— (1981): Fuzzy-Mengen und ihre Anwendungen. Ein Überblick. EIK **17**, 207–235.

— (1984): On the existence of solutions of systems of fuzzy equations. FSS **12**, 301–302.

— (1984a): Criteria for non-interactivity of fuzzy logic controller rules. In: Large Scale Systems: Theory and Applications 1983 (A. Straczak, Hrsg.) Pergamon Press, Oxford, 229–233.

— (1984b): Fuzzy set theory: some aspects of the early development. In:

Aspects of Vagueness (H. J. Skala, S. Termini, E. Trillas, Hrsg.), Reidel, Dordrecht, 13–29.

— (1986): Fuzzy set theory with *t*-norms and phi-operators. In: Mathematics of Fuzzy Systems (A. DiNola, A. G. S. Ventre, Hrsg.), TÜV Rheinland, Köln, 143–195.

— (1986a): Characterizations of the solvability of fuzzy equations. EIK 22, 67–91.

— (1989): Mehrwertige Logik. Eine Einführung in Theorie und Anwendungen. Akademie-Verlag, Berlin.

—; Czogala, E.; Pedrycz, W. (1982): Measures of fuzziness and operations with fuzzy numbers. Stochastica **6**, 187–205.

—; Pedrycz, W. (1985): Analysis and synthesis of fuzzy controller. Problems Control Inform. Theory **14**, 33–45.

—; — (1986): On the suitability of fuzzy models: an evaluation through fuzzy integrals. IJMMS **24**, 141–151.

—; — (1986a): Solvability of fuzzy relational equations and manipulation of fuzzy data. FSS **18**, 1–21.

—; — (1988): On the methodology of solving fuzzy relational equations and its impact on fuzzy modelling. In: Fuzzy Logic in Knowledge-Based Systems, Decision and Control (M. M. Gupta, T. Yamakawa, Hrsg.), North-Holland, Amsterdam, 197–210.

Gower, J.; Ross, G. (1969): Minimum spanning trees and single linkage cluster analysis. Appl. Stat. **18**, 54–64.

Hansel, N.; Straube, B. (1980): Application of the method of fuzzy sets to the discharge forecast for large rivers. J. Hydrological Sciences **7**, Nr. 1–2, 64–76.

Hansel, N.; Oppermann, R.; Straube, B. (1983): Vorhersage von Wasserstand und Durchfluß für die Elbe mit Hilfe einer unscharfen Modellierung. Wasserwirtschaft—Wassertechnik **33**, Nr. 1, 67–70.

Hartigan, J. (1975): Clustering Algorithms. Wiley, New York.

Higashi, M.; Klir, G. J. (1983): Measures of uncertainty and information based on possibility distribution. Int. J. General Systems **9**, 43–58.

Hirota, K. (1981): Concepts of probabilistic sets. FSS **5**, 31–46.

—; Arai, Y.; Hachisu, S. (1986): Moving mark recognition and moving object manipulation in fuzzy controlled robot. Control Theory and Advanced Technol. **2**, 399–418.

—; Yoshinori, A.; Pedrycz, W. (1985): Robot control based on membership and vagueness. In: ARES, 621–635.

Holmblad, L. P.; Østergaard, J. J. (1982): Control of a cement kiln by fuzzy logic. In: FIDP, 389–399.

Jahn, K.-U. (1975): Intervall-wertige Mengen. Math. Nachrichten **68**, 115–132.

Kacprzyk, J. (1986): Zbiory rozmyte w analizie systemowej, PWN, Warschau (in Polnisch).

Kalmykov, S. A.; Šokin, Ju. I.; Juldašev, Z. Ch. (1986): Metody interval'nogo analiza. Nauka, Novosibirsk.

KANDEL, A. (1979): On fuzzy statistics. In: AFSTA, **1**, 181–199.
— (1982): Fuzzy Techniques in Pattern Recognition. Wiley, New York.
— (1986): Fuzzy Mathematical Techniques with Applications. Addison-Wesley, Reading.
KAUFMANN, A. (1973): Introduction a la Theorie des Sous-Ensembles Flous; t. 1: Elements theorique de base. Masson, Paris.
—; GUPTA, M. M. (1985): Introduction to Fuzzy Arithmetic: Theory and Applications. Van Nostrand Reinhold, New York.
KHURGIN, J. I.; PPOLYAKOV, V. V. (1986): Fuzzy analysis of the group concordance of expert preferences, defined by Saaty matrices. In: FSAMAR, 111–115.
KICKERT, W. J. M. (1979): An example of linguistic modelling: the case of Mulder's theory of power. In: AFSTA, 519–540.
—: VAN NAUTA LEMKE, M. (1976): The application of fuzzy set theory to control a warm water process. Automatica **12**, 301–308.
KISZKA, J. B.; GUPTA, M. M.; NIKIFORUK, P. N. (1985): Some properties of expert control systems. In: ARES, 283–306.
KLAUA, D. (1966): Über einen zweiten Ansatz zur mehrwertigen Mengenlehre. Monatsber. DAW Berlin **8**, 161–177.
— (1966a): Grundbegriffe einer mehrwertigen Mengelehre. Monatsber. DAW Berlin **8**, 781–802.
KLEMENT, E. P. (1982): Some remarks on a paper of R. R. Yager. Information Sci. **27**, 211–220.
KLIR, G. J. (1987): Where do we stand on measures of uncertainty, ambiguity, fuzziness, and the like? FSS **24**, 141–160.
KNOPFMACHER, J. (1975): On measures of fuzziness. J. Math. Anal. Appl. **49**, 529–534.
KRUSE, R. (1983): Schätzfunktionen für Parameter von unscharfen Zufallsvariablen. Habil.-schrift, TU Braunschweig.
— (1984): Statistical estimation with linguistic data. Information Sci. **33**, 197–207.
—; MEYER, K. D. (1987): Statistics with Vague Data. Reidel, Dordrecht.
KRUSINSKA, E.; LIEBHART, J. (1986): A note on the usefulness of linguistic variables for differentiating between some respiratory diseases. FSS **18**, 131–142.
KWAKERNAAK, H. (1978/79): Fuzzy random variables. I, II Information Sci. **15**, 1–15; **17**, 253–278.
LAKOV, D. (1985): Adaptive robot under fuzzy control. FSS **17**, 1–8.
LARKIN, L. I. (1985): A fuzzy logic controller for aircraft flight control. In: IAFC, 87–104.
LARSEN, R. M. (1980): Industrial applications of fuzzy logic control. IJMMS **12**, 3–10.
LESMO, L.; SAITTA, L.; TORASSO, P. (1982): Learning of fuzzy production rules for medical diagnosis. In: ARDA, 249–260.
LIPP, H.-P. (1980): Die Anwendung der unscharfen Mengentheorie für ein

Steuerkonzept zur operativen Führung komplexer Systeme. Dissertation A, TH Karl-Marx-Stadt.

—; GUENTHER, R. (1986): An application of a fuzzy Petri net in complex industrial systems. In: FSAMAR, 188—196.

LIU, X. H.; WANG, P. Z.; CHEN, Y. P. (1985): Approximate reasoning in earthquake engineering. In: ARES, 519—528.

LOO, S. G. (1977): Measures of fuzziness. Cybernetica **20**, 201—210.

LOWEN, R. (1978): On fuzzy complements. Information Sci. **14**, 107 bis 113.

LUKASIEWICZ, J.; TARSKI, A. (1930): Untersuchungen über den Aussagenkalkül. Comptes Rendus Soc. Sci. et Lettr. Varsovie, cl. III, **23**, 30—50.

MAMDANI, E. H. (1976): Advances in the linguistic synthesis of fuzzy controllers. IJMMS 8, 669—678.

—; ASSILIAN, S. (1975): An experiment in linguistic synthesis with a fuzzy logic controller. IJMMS **7**, 1—13.

—; GAINES, B. R. (Hrsg.) (1981): Fuzzy Reasoning and Its Applications. Academic Press, New York.

MATHERON, G. (1975): Random Sets and Integral Geometry. Wiley, New York.

MEYER, K.-D. (1987): Grenzwertsätze zum Schätzen von Parametern unscharfer Zufallsvariablen. Dissertation, TU Braunschweig.

MIRKIN, B. G. (1979): Group Choice. Wiley, New York.

MIYAKOSHI, M.; SHIMBO, M. (1984): A strong law of large numbers for fuzzy random variables. FSS **12**, 133—142.

MIZUMOTO, M. (1982): Fuzzy inference using max-$\wedge$ composition in the compositional rule of inference. In: ARDA, 67—76.

—; TANAKA, K. (1981): Fuzzy sets and their operations. Information and Control **48**, 30—48.

—; ZIMMERMANN, H. J. (1982): Comparison of fuzzy reasoning methods. FSS **8**, 253—283.

MOON, R. E.; JORDANOV, S.; PEREZ, A.; TURKSEN, I. B. (1977): Medical diagnostic system with human-like reasoning capability. In: MEDINFO 77 (D. B. SHIRES; H. WOLF, Hrsg.), North-Holland, Amsterdam, 115 bis 119.

MOORE, R. E.: (1966) Interval Analysis. Prentice-Hall, Englewood Cliffs, N. J.

— (1979): Methods and Applications of Interval Analysis. SIAM, Philadelphia.

MURAYAMA, Y. et. al. (1985): Optimizing control of a diesel engine. In: IAFC, 63—72.

NAHMIAS, S. (1979): Fuzzy variables in a random environment. In: AFSTA, 165—180.

NEITZEL, A. L.; HOFFMAN, L. J. (1980): Fuzzy cost / benefit analysis. In: Fuzzy Sets. Theory and Applications to Policy Analysis and Information Systems (P. P. WANG, S. K. CHANG, Hrsg.), Plenum Press, New York, 275—290.

NGUYEN, H. (1978): On conditional possibility distributions. FSS **1**, 299–310.

NOVAK, V. (1986): The origin and claims of fuzzy logic. In: FSAMAR, 21–26.

OGAWA, H.; FU, K. S; YAO, J. T. P. (1985): SPERIL-II: an expert system for damage assessment of existing structure. In: ARES, 731 bis 744.

O'HIGGINS HALL, L.; KANDEL, A. (1986): Designing Fuzzy Expert Systems. TÜV Rheinland, Köln.

ORLOVSKY, S. A. (1977): On programming with fuzzy constraint sets. Kybernetes **6**, 197–201.

OTTO, M.; BANDEMER, H. (1986): Calibration with imprecise signals and concentrations based on fuzzy theory. Chemometrics and Intelligent Laboratory Systems, **1**, 71–78.

PAPPIS, C. P.; MAMDANI, E. H. (1977): Fuzzy logic controller for traffic junction. IEEE Trans. Syst., Man and Cybernet. **SMC-7**, 707–712.

PESCHEL, M.; STRAUBE, B.; MENDE, W. (1986): Fuzzy inferences for the analysis of qualitative behaviour. In: FSAMAR, 157–164.

POSPELOV, D. A. (Hrsg.) (1986): Nečetkie množestva v modelach upravlenija i iskusstvennogo intellekta. Nauka, Moskva.

PRADE, H.; NEGOITA, C. V. (Hrsg.) (1986): Fuzzy Logic in Knowledge Engineering. TÜV Rheinland, Köln.

PURI, M. L.; RALESCU, D. (1982): A possibility measure is not a fuzzy measure. FSS **7**, 311–313.

—; — (1986): Fuzzy random variables. J. Math. Anal. Appl. **114**, 409 bis 422.

RALESCU, D. (1982): Towards a general theory of fuzzy variables. J. Math. Anal. Appl. **86**, 176–193.

RAMAN, B.; KERRE, E. E. (1985): Application of fuzzy programming to ship steering. In: ARES, 719–730.

RAMIK, J.; ŘIMÁNEK, J. (1985): Inequality relation between fuzzy numbers and its use in fuzzy optimization. FSS **16**, 123–138.

RAY, K. S.; DUTTA MAJUMDER, D. (1985): Structure of an intelligent fuzzy logic controller and its behaviour. In: ARES, 593–619.

REICHELT, A. (1986): Optimale Fertigungsmittelkonfiguration nach dem Ähnlichkeitsprinzip unter der Anwendung der multivariaten Datenanalyse. Dissertation A, TU Dresden.

RUSPINI, E. H. (1970): Numerical methods for fuzzy clustering. Information Sci. **2**, 319–350.

— (1973): New experimental results in fuzzy clustering. Information Sci. **6**, 273–284.

SAITTA, L.; TORASSO, P. (1981): Fuzzy characterization of coronary disease. FSS **5**, 245–258.

SAMBUC, R. (1975): Fonctions Φ-floues. Application a l'aide au diagnostic en pathologie thyroidienne. Dissertation, Universität Marseille.

SANCHEZ, E. (1977): Solutions in composite fuzzy relation equations: application to medical diagnosis in Brouwerian logic. In: FADP, 221 bis 234.

— (1984): Solution of fuzzy equations with extended operations. FSS **12**, 237–248.

SCHARF, E. M.; MANDIC, N. J. (1985): Application of a fuzzy controller to the control of a multi-degree-of-freedom robot arm. In: IAFC, 41 bis 62.

SCHMERLING, S.; BANDEMER, H. (1985): Methodes to estimate parameters in explicit functional relationships. FFH D170, 69–90.

SCHMUCKER, K. J. (1984): Fuzzy Sets, Natural Language Computations, and Risk Analysis. Computer Science Press, Rockville.

SCHÜLER, W. (1985): Experimentelle Expertsysteme für röntgenologische Diagnostikaufgaben unter Verwendung eines unscharfen Systemkonzepts. Dissertation B, TH Karl-Marx-Stadt.

SCHÜTTE, J. (1987): Unscharfe operative Lenkung komplexer verfahrenstechnischer Produktionssysteme. Wissensch. Z. TH Ilmenau, Heft 6, 173–180.

SCHWEIZER, B.; SKLAR, A. (1966): Statistical metric spaces. Pacific J. Math. **10**, 313–334.

— (1961): Associative functions and statistical triangle inequalities. Publ. Math. Debrecen **8**, 169–186.

SESSA, S. (1984): Results in fuzzy relation equations. FSS **14**, 281–297.

SHAFER, G. (1973): Allocation of probability. Ph. D. Thesis, Princeton Univ.

— (1976): A Mathematical Theory of Evidence. Princeton Univ. Press, Princeton.

SMETS, Ph. (1981): The degree of belief in a fuzzy event. Information Sci. **25**, 1–19.

— (1981a): Medical diagnosis: fuzzy sets and degrees of belief. FSS **5**, 259–266.

— (1982): Probability of a fuzzy event: an axiomatic approach. FSS **7**, 153–164.

— (1983): Information content of an evidence. IJMMS **19**, 33–43.

SMITHSON, M. (1987): Fuzzy Set Analysis for Behavioral and Social Sciences. Springer, New York.

STRAUBE, B. (1983): Anwendung der Theorie unscharfer Mengen bei der Modellierung realer Systeme. Dissertation B, AdW Berlin.

— (1986): Model building and fuzzy systems. In: FSAMAR, 133–146.

SUGENO, M. (1974): Theory of Fuzzy Integral and Its Applications. Ph. D. Thesis, Tokyo Inst. of Technology, Tokyo.

— (1977): Fuzzy measures and fuzzy integrals: a survey. In: FADP, 89 bis 102.

—; NISHIDA, M. (1985): Fuzzy control of a model car. FSS **16**, 103–113.

—; TERANO, T. (1977): A model of learning on fuzzy information. Kybernetes **6**, 157–166.

TUSCH, G. (1981): Ein fuzzy Algorithmus zur diagnostischen Klassifizierung in der cranialen Computertomographie. In: GI — 11. Jahrestagung (W. BAUER, Hrsg.), Informatik-Fachberichte **50**, Springer, Berlin (West), 598—605.

UMANO, M. (1985): Fuzzy-set-theoretic data structure system and its application. In: MDSS, 301—313.

WAGENKNECHT, M.; HARTMANN, K. (1986): On the solution of direct and inverse problems for fuzzy equation systems with tolerances. In: FSAMAR, 37—44.

—; — (1986a): Fuzzy modelling with tolerances. FSS **20**, 325—332.

WEBER, S. (1983): A general concept of fuzzy connectives, negations, and implications based on *t*-norms and *t*-conorms. FSS **11**, 115—134.

— (1984): Measures of fuzzy sets and measures of fuzziness. FSS **13**, 247—271.

WEIDNER, A. J. (1981): Fuzzy sets and Boolean-valued universes. FSS **6**, 61—72.

WEISS, W.; HÖRIG, H.-J.; SCHÜTTE, J. (1983): Anwendung der unscharfen Systembeschreibung für die mikrorechnergestützte Steuerung eines Hochtemperaturprozesses. messen steuern regeln **26**, 213—216.

WENSTØP, F. (1975): Deductive verbal models of organizations. IJMMS **8**, 301—357.

— (1980): Quantitative analysis with linguistic values. FSS **4**, 99—115.

WOLD, H. (1982): Soft modeling: The basic designs and some extensions. In: Systems under Indirect Observations (K. G. JÖRESKOG, H. WOLD, Hrsg.), North-Holland, Amsterdam, Bd. 2, 1—54

YAGER, R. R. (1979/80): On the measure of fuzziness and negation. Part I: Membership in the unit interval. Intern. J. General Systems **5**, 221 bis 229; Part II: Lattices. Information and Control **44**, 236—260.

— (1980): On a general class of fuzzy connectives. FSS **4**, 235—242.

— (1981): Measurement of properties on fuzzy sets and possibility distribution. In: Proc. 3rd Int. Seminar on Fuzzy Set Theory (E. P. KLEMENT, Hrsg.), J.-Kepler-Univ. Linz, 211—222.

— (1983): An introduction to application of possibility theory. Human Systems Management **3**, 246—253.

— (1984): Fuzzy subsets with uncertain membership grades. IEEE Trans. Syst. Man and Cybernet. **SMC-14**, 271—275.

YAGISHITA, O.; ITOH, O.; SUGENO, M. (1985): Application of fuzzy reasoning to the water purification process. In: IAFC, 19—40.

YASUNOBU, S.; HASEGAWA, T. (1986): Evaluation of an automatic container crane operation system based on predictive fuzzy control. Control Theory and Advanced Technol. **2**, 419—432.

YASUNOBU, S.; MIYAMOTO, S. (1985): Automatic train operation system by predictive fuzzy control. In: IAFC, 1—18.

ZADEH, L. A. (1965): Fuzzy sets. Information and Control **8**, 338—353 [s. auch (1987)].

— (1965a): Fuzzy sets and systems. In: Systems Theory (J. Fox, Hrsg.), Polytechnic Press, Brooklyn, 29–37.
— (1968): Probability measures of fuzzy events. J. Math. Anal. Appl. **23**, 421–427 [s. auch (1987)].
— (1969): The concepts of system, aggregate and state in system theory. In: System Theory (L. A. Zadeh, Polak, Hrsg.), McGraw Hill, New York, 3–42.
— (1971): Similarity relations and fuzzy orderings. Information Sci. **3**, 159–176 [s. auch (1987)].
— (1971a): Toward a theory of fuzzy systems. In: Aspects of Network and System Theory (R. E. Kalman, N. de Claris, Hrsg.), Holt, Rinehart and Winston, New York, 469–490.
— (1973): Outline of a new approach to the analysis of complex systems and decision processes. IEEE Trans. Systems, Man and Cybernet. **SMC 3**, 28–44 [s. auch (1987)].
— (1975): The concept of a linguistic variable and its application to approximate reasoning. I.–III. Information Sci. **8**, 199–250, 301 bis 357; **9**, 43–80 [s. auch (1987)].
— (1978): Fuzzy sets as a basis for a theory of possibility. FSS **1**, 3–28 [s. auch (1987)].
— (1978a): PRUF — a meaning representation language for natural languages. IJMMS **10**, 395–460 [s. auch (1987)].
— (1979): A theory of approximate reasoning. In: Machine Intelligence 9 (J. E. Hayes, D. Michie, L. I. Mikulich, Hrsg.), Wiley, New York, 149–194 [s. auch (1987)].
— (1981): Test-score semantics for natural languages and meaning representation via PRUF. In: Empirical Semantics I (B. Rieger, Hrsg.), Brockmeyer, Bochum, 281–349.
— (1982): Possibility theory as a basis for representation of meaning. In: Sprache und Ontologie. Akten 6. Intern. Wittgenstein Symp. 1981, Kirchberg/Wechsel, Hölder-Pichler-Tempsky, Wien, 253–262.
— (1983): The role of fuzzy logic in the management of uncertainty in expert systems. FSS **11**, 199–227 [s. auch (1987)].
— (1984): A theory of commonsense knowledge. In: Aspects of Vagueness (H. J. Skala, S. Termini, E. Trillas, Hrsg.), Reidel, Dordrecht, 257 bis 295 [s. auch (1987)].
— (1985): Syllogistic reasoning in fuzzy logic and its application to usuality and reasoning with dispositions. IEEE Trans. Systems, Man and Cybernet. **SMC-15**, 754–763 [s. auch (1987)].
— (1987): Fuzzy Sets and Applications. Selected Papers. (R. R. Yager et al., Hrsg.), Wiley, New York.

Zeising, G.; Wagenknecht, M.; Hartmann, K. (1985): Ein unscharfer Algorithmus zur Synthese von Wärmeübertragersystemen. Wissensch. Z. TH Leuna-Merseburg **27**, Heft 1, 62–69.

Zemankova-Leech, M.; Kandel, A. (1984): Fuzzy Relational Data Bases — a Key to Expert Systems. TÜV Rheinland, Köln.

—; — (1985): Uncertainty propagation to expert systems. In: ARES, 529—548.

ZHANG, J.-W. (1980): A unified treatment of fuzzy set theory and Boolean-valued set theory — fuzzy set structures and normal fuzzy set structures. J. Math. Anal. Appl. **76**, 297—301.

ZIMMERMANN, H.-J. (1976): Description and optimization of fuzzy systems. Int. J. General Systems **2**, 209—215.

— (1978): Fuzzy programming and linear programming with several objective functions. FSS **1**, 45—55.

— (1979): Theory and applications of fuzzy sets. In: Operational Research '78, Proc. 8th. IFORS Intern. Conf. Toronto (K. B. HALEY, Hrsg.), North-Holland, Amsterdam, 1017—1033.

— (1985): Fuzzy Set Theory and Its Applications. Kluwer-Nijhoff, Dordrecht.

— (1987): Fuzzy Sets, Decision Making and Expert Systems. Kluwer-Nijhoff, Dordrecht.

Übersetzungen englischsprachiger Termini

alpha-cut	alpha-Schnitt
ambiguity	Undeutlichkeit (im Sinne von Vieldeutigkeit)
basic probability assignment	grundlegende Wahrscheinlichkeitszuweisung
body of evidence	Evidenzgesamtheit
cardinality	Kardinalität
cernel (core) of a fuzzy set	Kern einer unscharfen Menge
classification	Klassifizierung
cluster analysis	Clusteranalyse
compositional rule of inference	Zuordnungsregel
convex fuzzy set	konvexe unscharfe Menge
crisp set	scharfe (gewöhnliche) Menge
degree of belief	Glaubwürdigkeitsgrad
degree of credibility	Glaubwürdigkeitsgrad
degree of necessity	Notwendigkeitsgrad
degree of plausibility	Plausibilitätsgrad
degree of possibility	Möglichkeitsgrad
elastic constraints	elastische Bedingungen
extension principle	Erweiterungsprinzip
feature selection	Merkmalsauswahl
focal subsets	Herdmengen
fuzzified function	unscharfe Funktion
fuzziness	Unschärfe
fuzzy constraint	unscharfe Schranke
fuzzy integral	unscharfes Integral
fuzzy (logic) controller	unscharfer Regler
fuzzy set	unscharfe Menge
fuzzy set of higher type	unscharfe Menge höheren Typs
fuzzy singleton	unscharfe Einermenge
fuzzy subset	unscharfe Teilmenge
height of a fuzzy set	Höhe einer unscharfen Menge (Supremum seiner Zugehörigkeitswerte)
impreciseness	Ungenauigkeit

level of confidence	Vertrauensniveau
likely-good	vermutlich-gut (bei Entscheidungen)
linguistic approximation	linguistische Approximation
linguistic modifier	sprachlicher Modifikator
membership degree	Zugehörigkeitsgrad
membership function	Zugehörigkeitsfunktion
normalized (normal)	normalisiert
possibility distribution function	Möglichkeitsverteilung
random fuzzy set	zufällige unscharfe Menge
relational equation	Relationalgleichung
similarity relation	Ähnlichkeitsrelation
subnormal	subnormal
support	Träger (einer unscharfen Menge)
uncertainty	Unsicherheit
universal set	Universalmenge
universe of discourse	Grundbereich
vagueness	Unbestimmtheit
weight of evidence	Vertrauensgrad, Evidenzgewicht

Symbolverzeichnis

$\forall x \in \mathcal{X}: \ldots$	„für jedes x aus $\mathcal{X}$ gilt: ...“
$\mathbb{I}$	das reelle Intervall [0, 1]
$m_A: \mathcal{X} \rightarrow [0, 1]$	Zugehörigkeitsfunktion der unscharfen Teilmenge A von $\mathcal{X}$
$\Leftrightarrow; \Rightarrow$	„genau dann, wenn“; „wenn ... dann“
$\mathfrak{F}(\mathcal{X})$	Menge aller unscharfen Teilmengen von $\mathcal{X}$
$\mathbf{m}_A$	Vektordarstellung für $A \in \mathfrak{F}(\mathcal{X})$
$\emptyset$	(scharfe bzw. unscharfe) leere Menge
X, Y	Universalmengen über $\mathcal{X}, \mathcal{Y}$
$[\ldots]^+$	Positivteil von ...
$\mathbb{R}(\mathbb{R}^+)$	Menge der (positiven) reellen Zahlen
supp (A)	Träger von A
hgt (A)	Höhe von A
card (A), card$_{\mathcal{X}}$ (A)	Kardinalitäten von A
$A^{>\alpha}, A^{\geqq\alpha}$	α-Schnitte
$\subseteqq$	Inklusion unscharfer Mengen
$\subseteq$	Inklusion scharfer Mengen
L_m	spezielle Teilmenge von I
$[\![H]\!]$	Wahrheitswert von H
$\forall, \exists, \rightarrow, \wedge$	Symbole der mehrwertigen Logik
ε	verallgemeinerte Elementbeziehung
$\{x \in \mathcal{X} \parallel \ldots\}$	Klassenterm zur Angabe einer unscharfen Teilmenge von $\mathcal{X}$
$A^{=\alpha}$	α-Komponente von A
$\times$	kartesisches Produkt für scharfe Mengen
$\cup, \cap$	Vereinigung, Durchschnitt unscharfer Mengen
$\bar{A}$	Komplement von A
$\bigcup, \bigcap$	allgemeine Vereinigung, allgemeiner Durchschnitt
$\cdot$	algebraisches Produkt unscharfer Mengen
$\boxed{*}$	beschränktes Produkt unscharfer Mengen
$\owedge$	drastisches Produkt unscharfer Mengen

$+$	algebraische Summe unscharfer Mengen
$\boxplus$	beschränkte Summe unscharfer Mengen
$\circledvee$	drastische Summe unscharfer Mengen
$\otimes$	kartesisches Produkt unscharfer Mengen
$\doteq$	verallgemeinerte Gleichheit
$\oplus, \ominus, \odot, \textcircled{:}$	Summe, Differenz, Produkt, Quotient unscharfer Zahlen
^{-}A	Negatives der unscharfen Zahl A
B^{-1}	Kehrwert der unscharfen Zahl B
max, min	Maximum, Minimum unscharfer Zahlen
R^{-1}	inverse Relation
$\circ$	Verkettung von Relationen
$\mathrm{pr}_i\,(R)$, $\mathrm{pr}_{j,k}\,(R)$	Projektionen von R
$\mathrm{c}_{(j_1,\ldots,j_k)}\,(R)$	Zylindererweiterung von R
$\langle a \rangle_R$	R-Restklasse
$\models$	Gültigkeitszeichen der mehrwertigen Logik
Poss	Möglichkeitsgrad
π	Möglichkeitsverteilung
$\circledsim$	α-Operation für unscharfe Mengen
Prob	Wahrscheinlichkeit unscharfer Ereignisse
$\mathfrak{P}(\mathcal{X})$	Potenzmenge von $\mathcal{X}$
Cr, Pl	Glaubwürdigkeits-, Plausibilitätsgrad
$⨍$	unscharfes Integral

Sachverzeichnis

Die Autoren

- **stellen eine neue Möglichkeit der Beschreibung mathematischer Sachverhalte vor: die graduelle Zugehörigkeit von Elementen zu einer Menge**
- **erläutern grundlegende Begriffe und Ergebnisse der Theorie unscharfer Mengen**
- **zeigen die vielfältige Anwendbarkeit dieser Theorie auf konkrete technische, medizinische, soziologische und ökonomische Probleme**
- **wenden sich sowohl an Mathematiker, die an der Theorie interessiert sind, als auch an potentielle Anwender aus anderen Disziplinen, wie z. B. Ingenieure, Naturwissenschaftler, Informatiker**
- **setzen lediglich eine an Hochschulen übliche mathematische Grundausbildung voraus**

WISSENSCHAFTLICHE TASCHENBÜCHER

FSC
www.fsc.org
MIX
Papier | Fördert gute Waldnutzung
FSC® C083411

Kolibri 360 GmbH
Ferdinand-Jühlke-Straße 7
99095 Erfurt, Deutschland
produktsicherheit@kolibri360.de